De la plante à l'essence

调 香 盘

From plant to
essence

Jeanne Doré

［法］让娜·多雷 — 主编

法国 Nez 团队 — 编

乔阿苏　阿花 — 译

中信出版集团｜北京

图书在版编目（CIP）数据

调香盘 / （法）让娜·多雷主编；乔阿苏，阿花译；

法国 Nez 团队编 . — 北京：中信出版社，2024.7.（2024.9 重印）

ISBN 978-7-5217-6669-1

Ⅰ . TQ658.1-64

中国国家版本馆 CIP 数据核字第 2024JM9816 号

调 香 盘

主　　编：[法]让娜·多雷

编　　者：法国 Nez 团队

译　　者：乔阿苏　阿花

出版发行：中信出版集团股份有限公司

　　　　　（北京市朝阳区东三环北路 27 号嘉铭中心　邮编　100020）

承 印 者：北京尚唐印刷包装有限公司

开　　本：787mm×1092 mm　1/32　　印　　张：10.75　　字　　数：240 千字

版　　次：2024 年 7 月第 1 版　　　　　印　　次：2024 年 9 月第 2 次印刷

京权图字：01-2024-4933　　　　　　　书　　号：ISBN 978-7-5217-6669-1

定　　价：118.00 元

序言

"美妙的香水需要美好的原料"

欢迎和我们一起探索最美的制香原料。本书创作的初衷是庆祝过去 30 年来精油与合成分子的制造商和采用这些产品的调香师们的多次合作——这得益于国际香水原料展（SIMPPAR）提供的平台。该展会如今已是所有香水爱好者的盛会。调香师与供应商们精诚合作的核心共识在于，双方都认同创造一款美妙的香水需要美好的原料。虽然说精油给香水的配方带来了神奇的作用，但在那些天然成分相对匮乏的领域——比如水果和海洋香调——合成分子则为调香师的创意打开了新天地。出于对质量、环境和人的尊重，萃取技术不断创新，对于新兴合成化合物的研究也有全新的进展，植物的种植和处理技术也随之在持续进步。

涉及香水制作的各行各业都是专业知识的宝库。2018 年，法国格拉斯地区传统香水制作技艺被列入联合国教科文组织人类非物质文化遗产代表作名录。激情与耐心是将调香师和原材料生产商紧密联系在一起的两大品质。他们都追求创造出最好的香水，由此向消费者传递丰富的情感。

作为一名香水爱好者，你肯定已经细细品过这些了不起的原材料，或新或旧，随香水萦绕在你和身边的亲友身上，如清风徐徐拂面。它们总能唤起你与之密不可分的记忆与感受。

投入这植物、气味和情感的世界吧，好好享受你的奇妙旅程。

—— 韦罗妮克·杜邦（Véronique Dupont）
法国调香师协会（Société française des parfumeurs，缩写为 SFP）主席

目　录

历史背景

原料世界之旅

未来的香水

历史背景

　　天然香料已经被我们燃烧、运输、交易、混合、萃取和蒸馏了数千年，人们对其珍贵精华的探寻永无止境。但直到20世纪初，当合成分子首次出现在调香师的调香盘上时，我们所知的"现代"香水业才真正诞生。

　　下文将展示香水植物从古至今的不同旅程，并讨论合成化合物在香水配方中的出现，以及这一发展给整个行业带来的革命性改变。

气味的旅程

玛蒂尔德·科库阿尔（Mathilde Cocoual）

自古以来，人们就为了获取香料绞尽脑汁，从贸易到战争可谓费尽心思。这些香料主要用于祭祀和医疗，后来才用于制作香水。

"在历史的长河里，分散在世界各地的人们花了相当长的时间才能与异地的同类们相遇。贸易商是比传教士还早的先驱，早在丝绸之路出现之前，就有专供香料和芳香剂的贸易通路，因为它们是供奉给神明的珍稀之物。"1931 年，香水迷兼历史爱好者加布里埃尔·麦左耶（Gabriel Mazuyer）撰写了一篇名为《五湖四海的法国香水》的文章，文中提出原材料的交易是人类进行商品交换的最初模式。

确实，从人类历史的早期起，我们就不惜长途跋涉获取香料来供奉神明和先祖。后来香料还用于治疗疾病、催情，进而成为凸显个人风格的一种方式。从古希腊和古罗马时期一直到中世纪，人们对香料和用于制香的植物进行了零星的研究。之后，随着欧洲对美洲、亚洲、非洲和大洋洲发起一波又一波的探索和殖民，探险家们发现了前所未见的珍贵宝藏：可可、烟草、香草、广藿香、丁香、依兰、八角茴香、红木，还有数不胜数的其他香料，大部分都陆续出现在调香师的秘方上。斗转星移，随着环境因素的改变、国境的开放和封闭，以及各国独有的经济和社会问题，原料的供应网络也在持续发生变化。

说到人类使用过最古老的香料，乳香和没药可谓名列前茅。它们的重要性与其在宗教仪式中被频繁使用是分不开的，更有趣的是，能结出这两种香料的树木并不生长在对它们需求最大的地区，于是埃及人、美索不达米亚人，还有后来的犹太人、希腊人和罗马人为了获得这两种香料，都得远渡重洋。阿曼乳香和密耳拉没药橄榄实际上只生长于哈德拉毛省（也门）、佐法尔省（如今位于阿曼境内），以及传说中的"蓬特之地"——可能位于如今的厄立特里亚、索马里以及苏丹部分地区。

古埃及历史上首次记录使用乳香是在公元前2400年。从那时起直到公元前13世纪，随着埃及逐渐将势力范围拓展到巴勒斯坦一带，乳香和没药都是靠军事远征获得。公元前15世纪，埃及船队终于到达了蓬特，完成了历史上最著名的一次远征。回程时，埃及女王哈特舍普苏将没药树的形象刻在了达尔巴赫里神庙的外墙上。直到公元前13世纪，海运都是贸易的主要方式。此后埃及人转向了一条新的陆路——这条路跨越沙漠，连接了阿拉伯半岛和地中海，连通了印度、美索不达米亚和地中海地区：棉花、石油和香料终于可以换来地中海的珊瑚和波罗的海的琥珀了。

自由商贸之路

克里特和希腊文明的崛起，预示了亚历山大大帝全力推动的香料贸易将迎来一片崭新的前景。在公元前6世纪中期，他是第一个意识到丝绸之路重要经济意义的欧洲人。他雄心勃勃，一路东征挺进亚洲，并在征途中获得巴比伦花园种植的芳香植物。他把全新

"十字军东征期间，基督教骑士不仅掠夺金银财宝，还抢走了植物：塞维利亚橙[1]、高卢玫瑰[2]、茉莉花……"

的香气天地带回了希腊，也引进了商队，丝绸之路全线自此贯通。

横跨东西方的丝绸之路发展成为连接东方和欧洲大陆、中国和地中海地区的要道。实际上它是由众多路线形成的交通网络，不过从地图上看它们并不相连；每逢雨季和雪季，道路不得不封闭，过后才能重新开放。亚历山大大帝很早就嗅到东方的贸易商机，又与盘踞在中亚地区的斯基泰人战后达成协定（这个部落的领土从里海延伸至咸海），以此牢牢把握住这条自由商道。

公元前3世纪时，亚历山大港成为地中海地区的香料贸易中心。香料的通商规模一直有增无减，尤其自公元前2世纪起，中国正处于汉朝统治期间，与此同时，罗马帝国在一路向地中海地区扩张。到公元4世纪，君士坦丁堡（前身为拜占庭，也就是现在的伊斯坦布尔）成为这些昂贵珍稀货品的集散地。

卷入权斗的旋涡

1453年，君士坦丁堡被奥斯曼大军攻陷，造成亚洲商品进出

---

1 塞维利亚橙（Seville orange）又被称为苦橙或香橙，最早种植于西班牙的塞维利亚地区，因此而得名。——如无特殊说明，本书注释均为中译者注

2 高卢玫瑰（gallic rose）是一种多栽种于法国和欧洲其他地区的玫瑰，gallic即高卢人（gauls）的意思。

口网络的崩裂。雪上加霜的是，从公元 7 世纪到 15 世纪，政治动荡阻碍了丝绸之路的交流。而彼时的欧洲，基督教对香料的使用严格局限于宗教仪式和医疗。就是从那时开始，芳香植物主要在药用植物园种植，而玫瑰则被种植来当作保护这些珍稀草药的篱笆花床。我们必须从基督教的东西方视角来审视这个历史上明显倒退的时期。实际上，在中世纪，伊斯兰世界通过蒸馏技术将玫瑰精油带到了欧洲，并由此发展出了一门有利可图的生意，使大马士革玫瑰（Damask rose，又名 Rosa damascena）的种植被远传至保加利亚。它还向整个西方世界出售奇货可居的热门商品：麝香、樟脑、龙涎香和檀香。干这行的贸易商主要来自印度，主要的交易港口是也门的亚丁港。

芳香类植物也卷入了地中海两岸的冲突之中。十字军东征期间，基督教骑士不仅掠夺金银财宝，还抢走了植物：正是由此，塞维利亚橙在 1002 年被引进西西里岛；而高卢玫瑰则在 1240 年前后来到了法国的普罗旺斯。15 世纪，一位托斯卡纳的伯爵从阿拉伯带回了茉莉。他企图独享茉莉花的芬芳，于是严令禁止他的园丁把茉莉送人。然而这一禁令显然是徒劳的，茉莉依然在意大利扎下了根。

于是，这些曾经为人类的和平交流做出贡献的植物，逐渐成了在权力斗争中心被贪婪追逐的对象。随着西班牙和葡萄牙开始对美洲、印度和印度尼西亚实行殖民统治，一场争夺原材料控制权的战斗也打响了，其中，香水的原料虽然数量稀少，意义却非同小可。美洲的香草和巧克力、印度尼西亚的丁香、来自亚洲麝的麝香，连同咖啡和许多其他的原材料一起，通过海运或陆运来到了欧洲。在 15 世纪，葡萄牙人占领了主要的海上航线，建立起了全球贸易网络，促进了这些异国珍宝的消费。

贸易垄断

控制某种原材料的供应，在当时颇能彰显一个国家的重要性。17—18 世纪，欧洲三国为争夺丁香生产的控制权而引发的战争就是最好的佐证。15 世纪，葡萄牙人培育出了丁香这一源自马鲁古群岛（位于印度尼西亚东部）的植物，并将其引入附近的岛屿种植，以供"旧世界"（欧亚非三大洲）使用，从而降低香料的售价。1605 年，荷兰人把葡萄牙人赶出了印度尼西亚群岛，仅在其中的安汶岛（Ambon）上进行丁香的种植和生产。他们对这种奇货可居的香料的种植和贸易都制定了严格的规定，以确保自己对其的垄断。18 世纪 70 年代，时任法兰西岛（如今的毛里求斯）和波旁岛（现今的留尼汪岛）的总督皮埃尔·普瓦夫尔（Pierre Poivre）说服法国国王派出探险队前往马鲁古群岛偷丁香。经过了几番试探和若干激烈的冲突，法国水手们终于成功带走了一些植株。它们后来被引入了毛里求斯和留尼汪。在此次海上突袭中，水手们还偷走了一些肉豆蔻和依兰。为了保护这批丁香并使其健康繁殖，皮埃尔·普瓦夫尔还送了一些去卡宴岛。丁香后来便从这里繁衍生息，传到了多米尼加、马提尼克以及西印度群岛的一些岛屿上。

植物分布新格局

数个世纪以来，人类通过军事远征和长途贸易来采购香料。

到了现代，在欧洲的第二波殖民潮的带动下，香料植物的迁徙也逐渐蓬勃起来。19 世纪，香氛在全世界的精英阶层中受到追捧，尤其是旧世界的中上层阶级。这是原材料供应链历史上一个新阶段的开始。香水行业的集约化、欧洲推行的殖民主义、贸易和思想的全球化，连同科技和农业的进步与化学的创新，共同重塑了供应链的结构。

从 19 世纪中期开始，法国（尤其是格拉斯地区）的调香师通过与外国的合作，在产区的全球化拓展中发挥了重要的作用。他们与意大利和保加利亚合作，并在殖民地开办农场——在北非、黎巴嫩、几内亚、法属印度支那、印度尼西亚、留尼汪、马达加斯加、科摩罗、塔希提岛，甚至拉丁美洲。这一部分是为了产出更多的芳香植物，尤其是在地中海地区；另一部分是为了获取之前仅产于某些特定产区的原材料，比如乳香、麝香和红木。

除了上述提到的几种香料，许多原材料并非产自它们的原生地。比如依兰原产于菲律宾，1873 年在马尼拉第一次进行蒸馏。一个世纪后，依兰的生产逐渐集中到了马达加斯加的西北部和科摩罗群岛。来自南非的天竺葵在留尼汪和阿尔及利亚开出了花朵；香草成为塔希提岛、马达加斯加和西印度群岛不可或缺的资源；丁香被移植到了马达加斯加、彭巴（在桑给巴尔群岛）和斯里兰卡；几内亚如今已是甜橙的故乡；摩洛哥是千叶玫瑰（法国人称之为五月玫瑰）的新家。因此，世界各地数百种香精经过了两个世纪的适应和调整，制香行业已经改变了芳香植物的地理分布，在全球范围内引发了生产中心地区的重组。这些生产中心并非彼此竞争，而是相辅相成，共同为丰富调香师的调香盘提供天然原材料。过往，供应链是建立在不平等的殖民关系的基础上；如今的供应链则倾向于打造一种可持续的发展模式，更多地考虑社会、经济和气候的因素，从而更好地服务于环境、种植者、制造者和消费者。

合成物的起源

欧仁妮·布里奥（Eugénie Briot）

香豆素、胡椒醛、香草醛：这些分子的名称在今天对我们来说已耳熟能详。19 世纪化学的发展，引领我们发现了它们，并且带来了后续的再生产。这是一场革命，将香水工业带入了现代。

19 世纪末，又有一些新的原材料出现在了调香师的调香盘上。这一切要归功于现有萃取手段的优化，比如"脂吸法"浓缩和真空蒸馏，还有其他的新兴技术，如挥发性溶剂萃取。在这些创新技术中最前沿的要数"人造香水"的出现，借用当时流行的说法，这给香水的配方带来了革命性的改变。

19 世纪初，化学家们已开始对精油的成分进行分析性研究。基于这些研究，19 世纪 60 年代后期，化学家们开始对芳香分子进行合成。这是因为在人工制造出一个分子之前，需要了解它所在的精油本身的成分。如有可能，还得知道它的各种特性，假如能了解到它的结构就更为理想了。

所以奥古斯特·卡乌尔（Auguste Cahours）、查尔斯·热拉尔（Charles Gerhardt）和后来的奥托·沃勒克（Otto Wallach）所做的工作为这些新原料的合成奠定了基础，包括闻起来有苦杏仁味的硝基苯 [艾尔哈德·米切利希（Eilhard Mitscherlich）合成于 1834 年]；带有现割干草味的香豆素 [威廉·珀金（William

Perkin）合成于 1868 年]；带有天芥菜味道的天芥菜素或胡椒醛 [鲁道夫·菲廷（Rudolph Fitting）和 W. H. 米耶尔克（W. H. Mielck）合成于 1869 年]；香兰素 [费迪南·蒂曼（Ferdinand Tiemann）和威廉·哈曼（Wilhelm Haarmann）于 1874 年从松柏苷中萃取，威廉·哈曼、卡尔·雷默（Karl Reimer）和乔治·德·莱尔（Georges de Laire）于 1876 年携手从乙酰基丁香油酚中萃取]；人工麝香 [艾伯特·鲍尔（Albert Baur）于 1888 年合成]；散发出紫罗兰味的紫罗兰酮 [费迪南·蒂曼、保罗·克吕格尔（Paul Krüger）和乔治·德·莱尔于 1893 年合成]。

合成这些分子的途径有很多。一种芳香物质能够成功合成，有赖于众多研究人员进行多次努力，而且往往旷日持久。但有些发现纯属偶然，在 19 世纪，有机化学在多个领域获得了应用。伦敦皇家化学学院的一名助理威廉·珀金就因在试图合成药用奎宁时发现了苯胺紫染料而闻名。几年后的 1868 年，他在一种后来以他本人的名字命名的化学反应中发现了香豆素。

有些化学家在职业生涯中也会改变研究领域。乔治·德·莱尔就是如此。他最初成名的研究领域是染料。19 世纪 60 年代，他与查尔斯·吉拉德（Charles Girard）合作，发现了玫瑰苯胺蓝、紫罗兰以及一系列其他染料。这些染料的专利很快被总部位于里昂的勒纳尔·弗雷尔和弗朗公司（Renard Frères & Franc company）投入使用 [后来成立了"品红"公司（La Fuchsine）]。1876 年，他决定开发一个新方向，着手研究人造香水。他在法国西南部的格勒内勒建了一个工厂，主要用来生产香兰素。因此，乔治·德·莱尔与德国人费迪南·蒂曼和威廉·哈曼被并称为行业先驱。他在法国申请由乙酰基丁香油酚生产香兰素的专利之前，用的正是这两位的专利。1893年，经过了数年有条不紊的研究，乔治·德·莱尔和费迪南·蒂曼发表了他们关于鸢尾根的研究成果，这一成果直接使他们发现了鸢尾酮和紫罗兰酮，后者是第一种能够复现紫罗兰芬芳的人工化合物。

开始平民化

随着生产成本的降低，这些人造成分使得香氛制品也便宜了起来。麝香就是一个很好的例证。天然麝香由麝的腺囊分泌而成，其价格因来源和时期不同而有所不同，但总归是相当昂贵。在艾伯特·鲍尔首次成功合成麝香之前，《香水》(La Parfumerie) 杂志曾将天然麝香的价格标为每千克1400～1600法郎，是当时黄金价格的一半。当时天然麝香良莠不齐、以次充好的现象比比皆是，货品供应很不可靠。在这一背景下，鲍尔于1888年合成的人工麝香开拓了新的可能性。相关专利到期之后，麝香的价格从最初的每千克2000法郎（稀释10倍）降到了每千克100法郎。其他常见的合成产品情况也很类似：胡椒醛的价格从1879年的每千克3790法郎降到了1899年的37.5法郎；香豆素的价格从1877年的每千克2550法郎降到了1900年的55法郎；香兰素的价格从1876年的每千克8750法郎降到了1900年的100法郎。考虑到许多成分的香味都很强劲，只需要极少量使用即可，我们就不难明白合成香料为何能为香水的平民化奠定了基础。

综上所述，人工香料化合物是香水行业在19世纪实现疯狂扩张的重要因素。通过香水皂、古龙水和芳香醋这些更易获得的产品，香水行业的消费群体扩大了。产品销售的激增，不得不归功于这些新原料以及由它们带来的创新可能性。正如化学家兼杜邦公司（Établissements Roure, Bertrand Fils et Justin Dupont）的经理朱斯坦·杜邦（Justin Dupont）所意识到的那样，由动植物提供的天然原料依然是每种成分的基础，但天然成分的组合数量是极为有限的。对于在 1921 年创造了香奈儿（Chanel）五号香水的恩尼斯·鲍（Ernest Beaux）来说，合成香料产品通过提供全新的嗅觉可能性，将香水带入了现代。他说："1898 年的时候，调香师的手艺主要是制备和调配相当有限的几种化合物……在香兰素、胡椒醛、香豆素和鲍尔麝香等原料被工业化之前，调香的配方是非常简单的，对今天的调香师来说简直堪称简单乏味。"

陷阱与成见

尽管如此，早年间关于人工原料的成见也不少。其中最主要的观点是号称这些合成物质有毒。这种观念有一部分也是来自硝基苯那个倒霉的前身。硝基苯是最早被合成的芳香分子之一，因其具有苦杏仁味而被用于制皂。1851 年的伦敦万国工业博览会（the Great Exhibition）上展出了硝基苯的若干样品。然而，1865年，调香师塞普蒂默斯·皮耶斯（Septimus Piesse）称其具有毒性。

> "当人造香精材料被诟病
> 给天然产品的贸易带来了不良影响时，
> 调香师提醒消费者：假如没有合成香料，
> 天然产品的需求甚至不会存在。"

由于人们对化学制剂普遍存在非理性恐惧，这个已经被证实的案例只会让人工制品本就一落千丈的声誉雪上加霜。

还有一些争议是从健康的角度出发，怀疑合成香料的适口性。这种怀疑的态度可能源自早期某些劣质的人造香水，尤其是果香型的。这些醚类合成物质主要是模仿梨、苹果、菠萝、木瓜和草莓的味道，既用作香料成分，也用于调味。它们的味道质量颇有争议，塞普蒂默斯·皮耶斯写道："自从化学分析在某些天然香料中发现了可以采用特定的合成方式复制的醚类化合物，此类工业制品就层出不穷，其中不乏一些令人不悦的因素，还有些醚类化合物的味道多少能好一些，类似某些水果或花卉。"

一旦合成原材料的专利进入公有领域，其价格便会下降，于是它们开始被用于创作面向更广泛人群的产品，这也意味着，富裕的消费者在心里已开始将它们与劣质产品联系在一起。在这个背景下，麝香可算是最受贬低的。但还有一个对合成产品不利的因素更为令人惊讶：这些新发明在法国被排外地视为"德国垃圾"。这是由于德国的科学研究在香味分子合成的过程中扮演了重要角色。在1870年普法战争以及随后的第一次世界大战期间，法国化学界遭受了巨大的人才及物质损失，这对法国的制香业造成了实实在在的伤害。

调香师试图通过其他话术来说服消费者接受合成香料。当人造香精材料被诟病给天然产品的贸易带来了不良影响时，调香师提醒消费者：假如没有合成香料，天然产品的需求甚至不会存在。他们还解释说，由于合成原料使香水产品更亲民，实际上增加了市场销售，从而扩大了对天然产品的需求。此外，合成香水的品质超过了原材料本身，而且可以制定流行趋势，从而增加某种天然成分的消费。朱斯坦·杜邦报告指出，从20世纪头十年开始，茉莉花香味制品的需求激增——远高于整个香水市场的增长比例。他认为导致这种增长的唯一原因就是流行。当时所流行的铃兰和丁香香味都是由茉莉的香气与羟基香茅醛结合而成的。最后，一个美学论点应运而生——人工产品只有在与天然原料一起使用时，才能展现其完整的嗅觉价值，而调香师的高明之处就在于知道该如何将二者结合起来。

撒克逊苔藓[1]、丁香七号[2]和甜草香[3]

合成产品引发的革命实际上促成了调香师 – 艺术家的出现。由于合成产品具有非常鲜明的特征，以及难以掌握的浓度，将它们纳入配方需要相当的专业知识。为了便于使用这些原料，原材料供应商逐渐在他们的产品中增加了"香基"这一类别。这些香基整合了他们制造的合成分子，在展示这一系列合成分子特性的同时，也使得它们更容易被纳入配方中。德·莱尔创造了琥珀香83[4]来对香草醛进行整合，并且对异丁基喹啉采取了相同的处理方法，制

---

1 撒克逊苔藓（Mousse de Saxe）是一种复杂的人造香料，具有浓郁的绿叶调、苔藓般的香气，带有皮革和木质的基调。它不是从自然界直接萃取的成分，而是通过调配不同的香料和化学物质制成的。这种香调非常独特，能为香水添加深邃、神秘的感觉，常见于复杂的东方或木质香型中。

2 丁香七号（Lilas VII）听起来像是某种特定的丁香香调或香水配方。丁香（Lilac）的香气通常是指那种轻盈、花香型的香味，带有一点甜味和绿叶的新鲜感。这种香调试图捕捉春天丁香花的清新和纯净感觉。不过，"VII"这一部分可能暗示这是一个特定系列或版本中的一款。

3 甜草香（Mélilotis）可能是指甜草（Melilot）的香调。甜草是一种草本植物，其香味类似于新鲜的干草和香草，有时还带有轻微的苦味和甜香。甜草在香水中并不是非常常见的成分，但可以增添一种自然、温暖和舒缓的气息，特别适合那些寻求独特自然香调的香水。

4 琥珀香83（Ambre 83）是一种合成香料，以模拟琥珀的温暖、丰富和粉状的香气。这种香料属于"琥珀调"香料家族，是许多东方香调和柔和香水中不可或缺的成分之一。

成了萨克斯苔藓——可以在卡朗（Caron）[1] 的"圣诞之夜"（Nuit de Noël）或莫利纳尔（Molinard）[2] 的"哈巴尼塔"（Habanita）中找到它。继 1895 年起在日内瓦地区率先制造合成分子之后，1905 年奇华顿（Givaudan）与芬美意（Firmenich）一同开始生产由马里乌斯·勒布尔（Marius Reboul）配方的香基。其中包括水仙萃取物（Jacinthe extrait，1906 年）、丁香 VII（Lilas VII，1911—1912年）——出现在娇兰（Guerlain）的"蝴蝶夫人"（Mitsouko，1919年）中，铃兰 16（Muguet 16）和甜草香（Mélilotis，1916 年）——出现在浪凡（Lanvin）的"琶音"（Arpège，1927 年）中。

这些香基的开发不仅成功展示了新的合成分子，也体现了原料商的配方能力有了长足的提升。这些香基后来成了宝贵的资产。逐渐地，原料商不仅生产原料，还开始制造香水，催生了如今香水行业所依赖的香料公司模式。

在生产日益机械化的时代背景下，合成香料分子的发现向新的消费者开放了市场，引发了产品创新革命，确立了调香师－艺术家的概念，并为香料公司模式的出现创造了条件，奠定了香水行业现代化的基础。第一次世界大战之后，现代香水工业诞生了。

---

1 卡朗是一个历史悠久的法国香水品牌，由埃内斯特·达尔特罗夫（Ernest Daltroff）于 1904 年创立。自成立以来，卡朗一直被认为是高端香水和化妆品的代名词，以其独特、经典和创新的香水而闻名于世。卡朗的香水作品常常因其精致的配方、优雅的瓶身设计和深厚的文化底蕴受到赞誉。其最著名的香水包括"黑水仙"（Narcisse Noir，1911 年）、"金色烟草"（Tabac Blond，1919 年）和"为他而生"（Pour Un Homme，1934 年）。

2 莫利纳尔是一个享有盛誉的法国香水和化妆品品牌，成立于 1849 年，是世界上最古老的香水制造商之一，位于法国南部的格拉斯。其最著名的香水是哈巴尼塔，这款香水最初于 1921 年推出，是为女性设计的，以其独特的东方花香调和烟草香调而闻名于世，被认为是香水史上的一款经典作品。除了哈巴尼塔，莫利纳尔也推出了多款其他受欢迎的香水。除了香水，莫利纳尔也生产一系列个人护理和家居香氛产品，如香皂、身体乳液和室内香氛。

国际香水原料展：
走过 30 年

专访 / 西尔维・茹尔丹

由法国调香师协会（SFP）于 1991 年在巴黎创办的国际香水原料展（SIMPPAR）已是行业盛事。它从一个低调的倡议发展为一个重要的行业展会，每次举办都吸引到越来越多的参展商和参观者。2021 年，在展会迎来 30 周年庆典之际，法国调香师协会前主席兼克莱索斯公司（Créassence）[克莱索斯公司为香水故事（Histoires de parfums）制作了一系列香水] 的高管、独立调香师西尔维・茹尔丹（Sylvie Jourdet）女士向我们讲述了该展会的诞生、发展和独到之处。

国际香水原料展最初是如何诞生的呢？

1991 年，法国调香师协会提出了一个新想法，要在其会议的议程中设立一个"原材料日"，以聚集来自巴黎共和圈沙龙（Salons du Cercle Républicain）[1] 的多个参展商。这个活动多年来在不同场地举办过几次，只要有人有意愿且有能力把这个活动给组织起来就

---

1 共和圈沙龙在法国历史和文化背景中，通常指的是一种社交聚会的场所，由一个名为"共和圈"的组织举办。在巴黎，沙龙传统有着悠久的历史，可以追溯到 17 世纪，当时的知识分子、艺术家和政治家会定期聚在一起，交流思想和讨论时事。"Cercle Républicain"（共和圈）可能是一个致力于共和主义原则和价值观的组织，如自由、平等和博爱，这些是法兰西共和国的核心理念。这些沙龙可能会在特定的会所或成员的家中举行，提供一个交流和促进政治理念发展的平台，同时也是社交活动的场所。共和圈沙龙可能会组织各种活动，包括讲座、辩论、文化表演和其他形式的集会，旨在加深成员之间的联系，促进共和主义的理念和政策的讨论。

行。但它依旧是一个非常小规模的活动，只有少数调香师参加。直到 2005 年我接管了法国调香师协会，这个活动才真正成形。我对原材料非常感兴趣，于是我们组建了一个小团队，与蒂埃里·杜克洛（Thierry Duclos）及其公司蒂艾公司（TA Events）合作，把这个活动搞得更专业。2006 年，该展览成为每两年在尚佩雷展览中心（Espace Champerret）举办的为期两天的常规活动。从那时起，国际香水原料展真正步入了正轨。

经历过 30 周年庆典之后，现在国际香水原料展的定位如何呢？

展览的规模已经大幅扩大，我们对其成功感到非常高兴。国际香水原料展是历史最悠久的专注于香水原材料的展览，也是欧洲最大的行业展会。每次活动报名的参展商数量都在增加。2019 年有来自 22 个国家的 100 个参展商，包括天然原料的供应商、香料公司以及包装、瓶子、设备和软件的供应商。

国际香水原料展与其他展会的主要差异是什么？

法国调香师协会是一个非营利组织，国际香水原料展的目标一直是为所有的协会成员提供服务——无论是调香师还是原材料生产者。每个参展商的展位都一样，预算合理，这意味着无论公司规模大小，在展会里的地位都是平等的。国际香水原料展已经有了长足的发展，但仍不忘初心。我们不想与世界调香师大会（WPC）这样的活动竞争，它们的展位费相当昂贵，许多参展商因此无法参加。

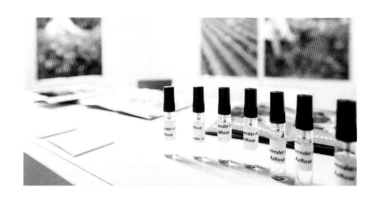

展会的目标观众是什么样的人？

　　起初，展会仅对法国调香师协会的成员开放。后来我们意识到有参加展会需求的群体已经超出了组织成员的范围，特别是香料公司希望他们的客户——香水品牌——能有机会来参观展览。国际香水原料展的目标一直是连接供应商和用户：其中当然包括调香师，也包括买家、销售人员、技术人员、研发人员、营销人员和合规负责人等。大家济济一堂，气氛融洽。法国调香师协会和国际调香师–创作者协会（SIPC）的成员以及香水学校的学生可以免费入场。另一方面，国际香水原料展不面向公众开放：这是一个贸易展览会，专注于连接参展商和潜在客户。

法国调香师协会在国际香水原料展上还会向一名年轻的调香师颁发"国际香水创造者大奖"。您能给我们讲讲这个奖项的情况吗？

　　该奖项设立于 1957 年，旨在鼓励年轻的调香师发挥创造力。2019 年该奖项的主题是烟草，获奖者是弗洛里安·加洛（Florian Gallo）。2021 年的主题是依兰，是香水制造业的主要香型之一。

国际香水原料展是历史最悠久的专注于香水原材料的展览，也是欧洲最大的行业展会。

该奖项面向 35 岁以下的人群开放，无论何种国籍，无论是否为法国居民，无论是否为法国调香师协会的成员，均可参赛。调香师必须遵守的唯一规则是遵循国际香精协会（IFRA）的推荐。对参赛作品的评审是匿名进行的，首先由技术评审团进行评选，该评审团由大约 10 位调香师和评估员组成，选出 3 ~ 5 款最贴近主题且最有原创性的香水。下一阶段是由不同的调香师、记者和来自其他领域的知名人物（如作家、品酒师和钢琴家）组成的艺术评审团，采取更加享受的方式来评审这几款被选定的香水。该奖项通常在展会期间颁发，为获奖者提供了极好的曝光机会。去年（2020 年）获奖者的作品是从我们收到的 130 份参赛作品中脱颖而出的。

法国调香师协会

法国调香师协会由包括加布里埃尔·麦左耶、朱斯坦·杜邦、马塞尔·比约（Marcel Billot）和塞巴斯蒂安·萨贝塔伊（Sébastien Sabetay）在内的一群调香师于 1942 年成立，最初名为香水技术团体（Groupement Technique de la Parfumerie）。作为一个受法国法律监管的非营利组织，它现在拥有近 900 名成员，全都是香水行业的专业人士：调香师 - 创作者、营销经理、评估员、专门从事香料原材料的化学家、销售人员、质检员、配方和包装生产经理以及合规经理。该组织的使命是通过提高调香师在法国及全世界公众和专业机构中的曝光度和声誉，来推动调香师 - 创作者这一职业的发展，推广调香师的专业知识，加强香水艺术及其与其他艺术形式的联系。该协会一直以来的活动包括出版成员名录（每年更新一次）和原材料指南（每两年一次），为香水行业人士组织会议和研学旅行，创立和发展国际香水原料展，并共同创立和支持奥斯莫提克（Osmothèque）香水档案馆。法国调香师协会技术委员会由会员选举出的 15 名调香师组成，每月召开一次会议，评估新推出的香水，并根据嗅觉体系制定其基准分类。

奥斯莫提克香水档案馆

世界上唯一的香水档案馆——奥斯莫提克香水档案馆于 1990 年由当时在让·巴杜（Jean Patou）[1]担任调香师的让·凯雷奥（Jean Kerléo）以及一群身为法国调香师协会技术委员会成员的调香师共同发起创立。该档案馆收藏了令人印象深刻的 5000 种香水，其中有已被遗忘的历史杰作、标志性香水的最初原配方产品，也有越来越多的现代作品。有 200 多种已不在市面上流通的香水将配方委托给档案馆保管。

奥斯莫提克香水档案馆对这些香水进行了复刻。为了帮助重新配制这些作品，它还保留了极具历史和文化价值的原材料和稀有香基。香水和成分在对公众开放的特殊会议和香味研讨会上展出，参与者也包括学生和专业人士。奥斯莫提克香水档案馆还与由考古学家、历史学家和化学家等专家组成的多学科团队合作进行研究，以复现一些古老的香水，如罗马皇室香水及拿破仑的圣赫勒拿古龙水。它位于凡尔赛的国际香水、化妆品和食品芳香高等学院（ISIPCA）内。与法国调香师协会和国际调香师－创作者协会一起，它正在雄心勃勃地计划扩展到巴黎，在城中设立馆藏，为其所持有的珍宝提供一个完美的展示空间。

国际调香师－创作者协会

国际调香师－创作者协会于 2015 年由 11 位创始成员创建，包括莫里斯·莫兰（Maurice Maurin）和雷蒙·沙扬（Raymond Chaillan），是一个法国法律监管下的非营利组织。2017 年以来，在卡利切·贝克尔（Calice Becker）的带领下，国际调香师－创作者协会的目标是将来自全球各地的调香师－创作者聚集在一起，以支持和推广他们的专业知识，并获得对香水作品的知识产权的认可。现在它拥有 350 多名成员，这个数量大约是全球调香师数量的三分之一。它首先在国家知识产权局（INPI）将"调香师－创作者"这一名称进行了注册。它还制定了第一份调香师－创作者章程，定义了该职业的确切范围及其展业方式。该章程详细列出了调香师在多个领域的权利和义务：培训、遵守国际香精协会（提供在香水中使用成分的建议）的规定、道德行为和抄袭问题。国际调香师－创作者协会的使命还包括在巴黎创建一个对公众和专业人士开放的香水专用场所，奥斯莫提克香水档案馆也将设立在其中。国际调香师－创作者协会还帮助调香师与国际香精协会建立关系，以便他们能够表达自己的观点并分享在成分使用方面的专业知识。

---

1 让·巴杜是一位著名的法国时装设计师，他在 20 世纪初期创立了同名的奢侈品牌。让·巴杜品牌最初以其高级时装和香水而闻名于世，最著名的香水之一是在 1930 年推出的"喜悦"（Joy），这款香水被誉为"世界上最昂贵的香水"。它以丰富的花香调闻名，特别是玫瑰和茉莉的混合香气，代表了奢华和精致。

图内尔设备

对植物进行处理以萃取其精油需要复杂的技术，图内尔设备（TE）在这方面拥有近 200 年的专业经验。该品牌自豪地将自己视为香水界的米其林星厨，提供定制的配方和设备以满足客户的特定需求。

"那个设备是图内尔牌的！"尽管图内尔发明制造的真空蒸发系统已经问世超过一个世纪，但直到今天，香水行业的专家每每看到这个系统还是兴奋不已。圆柱形的蒸发体能够蒸发掉萃取物中最微小的溶剂痕迹。图内尔为香水和调味品行业设计和开发各种设备，帮助将珍贵的自然原料转化为精油、浸膏[1]、净油和树脂素。"我们是圣芙兰（Sanoflore）[2]的设备供应商，小到在植物园里用于测试植物的蒸馏设备，大到能处理成吨原料的大规模设

1　在香水和香精行业中，"浸膏"（concretes）指的是通过将植物或其他香料原料与溶剂一起处理，然后过滤和蒸发溶剂所得到的浓缩物。这种物质通常是半固态或固态的，保留了原料的香气成分。浸膏是制作精油和香水的初步产品。它富含香气分子，并且因为生产过程相对温和，通常能够较好地保留植物原有的香气特质。从浸膏中，可以进一步萃取出"净油"（absolute），这是通过使用酒精等第二种溶剂从浸膏中萃取香料油，然后将溶剂去除后得到的高浓度香料油。净油通常具有比精油更复杂、更丰富的香气，广泛用于高端香水的制作。

2　圣芙兰是一个法国天然护肤品牌，成立于 1972 年，专注于使用有机认证的植物原料和纯净的精油制作其产品。圣芙兰实验室致力于将科学研究和自然美学相结合，特别以其精油、花水（也称为植物水或芳香水）和抗老化护肤品而著名。圣芙兰承诺提供 100% 天然来源的产品，以及追求环保和可持续发展的生产过程。

备，比如印度尼西亚的丁香处理器，都是我们提供的。"图内尔的销售与营销总监尼古拉斯·泰塔尔（Nicolas Têtard）解释说。

作为图内尔锅炉集团的成员之一，1833 年图内尔设备公司开始在格拉斯开展业务，为处理芳香类物质提供蒸馏器和圆柱形铜罐（后来改为铝制）。20 世纪 50 年代，公司开设了一条新的产品线，提供用于制药和化学合成品的设备，同时仍在天然材料加工领域探索新的途径。随着香水行业越来越多地采用现代技术和成分，图内尔设备公司改进了设备，以应对获取天然萃取物的两个最常见的方式：水蒸气蒸馏和挥发性溶剂萃取。它能够处理任意形态的植物，从种子、草、水果和花到胶、树脂、根、木材、树皮和叶子。

萃取器界的劳斯莱斯

1961 年，图内尔设备公司为一名位于格拉斯的调香师制造了第一个浮动过滤器萃取器。这项发明给行业带来了革命性的改变：树脂和胶质会堵塞传统的过滤器，但如今也能对它们进行萃取以制作香料和调味品了。1987 年，萃取器中的劳斯莱斯诞生了：其搅拌型的底部过滤系统非常适合粉末材料，如贵重木材的锯末和可可豆。随着萃取技术的改进，设备也与时俱进，引入了新的过滤系统、干燥器、蒸发单元和蒸馏柱。萃取物需要被净化、去除颜色，并通过真空或分子蒸馏进一步萃取。这两种萃取方式可去除不需要的物质，如过敏原，或集中某些化合物，以产生更好的香气或风味。

2015 年，图内尔设备公司看到了天然成分的新兴趋势，遂决定

"小到在植物园里
用于测试植物的蒸馏设备，
大到能处理成吨原料的大规模设备，
都是我们提供的。"

重新专注于其初始的核心业务。"我们的目标是重新成为行业核心领域的佼佼者。"运营总监弗兰克·巴尔丹（Franck Bardin）说。新生物技术（参见第 312 页）的发展尤其为市场上带来了许多处理原材料的新手段。

2019 年，图内尔为法国东南部锡亚涅河畔圣塞宰尔的新工厂花卉概念（Floral Concept）提供了所有设备。这家天然原材料专业机构最初由弗雷德里克·雷米（Frédérique Rémy）与他人联合创立，她是莫妮克·雷米（Monique Rémy）的女儿。莫妮克·雷米创立了莫妮克·雷米实验室（LMR）[1]，现为国际香精香料公司（International Flavors & Fragrances，缩写为 IFF）的子公司。花卉概念最早在西班牙南部某处运营，之后在法国设立了自己的工厂。

"我们将自己视为厨房的设备安装工，"弗兰克·巴尔丹解释道，"我们安装客户所需的一切，从蒸馏和萃取设备到将浸膏转化为净油的双重设备。"图内尔设备不仅为香水业务提供现成的系统，还提供定制服务以满足他们的特定需求。需要一个小规模处理器进行试点研究来评估产品的质量吗？图内尔设备的协作测试和开发平台

---

1 莫妮克·雷米实验室（Laboratoire Monique Rémy，缩写为 LMR）是一家专门从事天然香料原料生产的公司，专注于提供高品质、纯净、天然的香料和原料给香水制造商、食品和饮料公司以及其他需要天然香精的行业。

"WiNatLab"可邀请客户与创新领域的专家合作伙伴进行咨询探讨。可以使用微波技术，直接深入植物介质，或使用可生物降解的、基于生物的废蔗糖和玉米秆的农业溶剂萃取技术。2021年，图内尔设备开始使用新溶剂作为己烷的替代品，来处理由格拉斯特殊花卉协会（Les Fleurs d'exception du pays de Grasse）所运营的测试中心种植的茉莉和晚香玉。

新的市场

2021年，图内尔设备被ADF集团收购，该集团的使命是让工厂更智能。被收购之后，图内尔设备有能力为客户提供更环保、更低耗能的系统。结合其过去对于新工厂项目全链路的管理经验，现在图内尔设备已经完全准备好进入天然材料和生物技术这类的新市场。图内尔设备至今仍位于格拉斯，有40名员工。自2021年以来，已有超过10人加入该公司。香水和调味品业务占其总业务的60%以上。图内尔设备尤其关注公司的研发部门，对未来抱有宏愿。它尝试过的处理流程越多，就越能为香水行业提供更多样化和更有趣的气味特征。"我们想从厨房设备安装工变成米其林星厨，为我们的客户提供创新的配方，并参与他们的新产品研发。"弗兰克·巴尔丹总结道。

原料世界之旅

从印度到西西里，从澳大利亚到格拉斯，从日本到德国……作为对国际香水原料展 30 周年纪念的致敬，本书集结了一系列来自世界各地的调香师调香盘中最美的成分，从标志性原料到稀有原料都囊括在内。提供这些原料的每一位供应商都是展会的常客。从独立业者到国际化大企业，从种植到转化，从采收植物到将其精华应用于香水中——在进行分子合成的过程中依然不忘遵守日益严格的环保标准——本书从多个角度充分探索了一个迷人的嗅觉宇宙：历史、农业、社会学、经济、文化，最重要的是，人类和情感维度。

Pink Pepper

粉红胡椒

Pink Pepper

奇米迪斯公司

20 世纪 90 年代，粉红胡椒成为十分流行的香水前调香气。蒂埃里·杜克洛当年在把粉红胡椒引入欧洲一事上发挥了关键作用，如今则和奇米迪斯公司（Quimdis）[1] 合作，确保这一因二氧化碳萃取技术的发展而广受欢迎的香料能有稳定的货源。

粉红胡椒（又名"粉红胡椒粒"或"玫瑰胡椒"）来源于两种关系密切的植物——秘鲁胡椒树（*Schinus molle*，产自秘鲁）和巴西胡椒树（*Schinus terebinthifolius*，产自巴西、阿根廷和巴拉圭）。后者在 20 世纪 80 年代开始出现在欧洲的菜肴中。"我有个毛里求斯供应商因为一批香草货物滞留在海关而来找我，"奇米迪斯精油部门现任主管蒂埃里·杜克洛回忆道，"处理完那件事后，他从口袋里掏出一把鲜艳的浆果，问我：'你以前见过这玩意儿吗？'当时在欧洲完全没有这个，所以我把样品发给了杜克洛斯公司（Ducros），这是一家持续发掘新食材的香料公司。他们非常喜欢它。我们随后前往留尼汪岛和毛里求斯考察产量。"小粉红浆果就是这样在欧洲市场问世的，尤其是在混合调料"五胡椒"中的应用，可谓给烹饪带来了革

---

1 奇米迪斯是一家法国公司，专业从事健康和美容产品的原料分销。它为食品、香料、香水、营养补充品、动物营养和化妆品行业提供服务。

身份证 IDENTITY SHEET

拉丁学名
Schinus terebinthifolius

常用名
Pink pepper,
pink peppercorn,
rose pepper

科属
漆树科

萃取方式
水蒸气蒸馏
超临界二氧化碳萃取

产出率

100 千克
干浆果

5 千克精油或
5 千克选择性
二氧化碳
萃取物

香气特征
辛辣、胡椒、
萜烯、树脂、
木质、鲜花、
清新

词源
该物种的名称源自希腊语 *schinos*（"乳香树"），因为该树的树脂闻起来类似乳香；还来自拉丁语 *terebinthifolius*，意为"开心果树的叶子"。

历史
该树最早野生于南美洲。它有芳香的绿叶和小白花，这些花能结出略带甜味、胡椒味的鲜红色浆果，可用作调味料。在 20 世纪 70 年代，它被引入留尼汪岛，现在这里与马达加斯加和毛里求斯并列为粉红胡椒的三大产地。

假胡椒
根据法国的贸易标准，从技术上讲，它不能再被称为"poivre rose"（粉红胡椒），因为实际上它与胡椒属（*Piper*）并无关系。

产地
巴西、马达加斯加、毛里求斯、留尼汪岛

主要化合物
α - 水芹烯
Alpha-phellandrene

柠檬烯
Limonene

大牛儿烯 -D
Germacrene-D

3- 蒈烯
Delta-3-carene

香桧烯
Sabinene

采收期
5 月 / 6 月 /
7 月

**一棵树
年产
果实量约**
3~5
千克

**每年全球
从干粉红胡椒中
产出的
精油量**
**800~
1000** 吨

命性的影响。蒂埃里·杜克洛见证了许多货盘通过他的仓库周转，很快就发现浆果变质是一个问题。他多次尝试通过蒸馏解决问题，结果不尽如人意，于是便尝试了二氧化碳萃取。国际香精香料公司的调香师马克斯·加瓦里（Max Gavarry）是首个加入该项目的调香师，他推荐使用选择性萃取。1995 年，雅诗兰黛（Estée Lauder）推出了"欢沁"（Pleasures），立即使粉红胡椒成为一种炙手可热的香料成分。供应链已为这一新的流行趋势做好了准备！

外来物种

奇米迪斯在马达加斯加建了一个占地 20 公顷的种植园供应链，此地正是克里奥尔定居者[1]最初种植粉红胡椒的地方，位于塔那那利佛（Antananarivo）西部的高原地区。每棵树的高度在 5~10 米，最适合在 13~25°C、年降水量 900~2500 毫米的条件下生长。到了收获的时节，工人将成熟的浆果从树上摇落，打包入袋，接着在现场摊开晾干，或运送到专门的干燥设施进行手工分拣。处理的过程中会向浆果吹送热气，将水分含量降至 8%~10%。最优质的浆果被保留用于生产调味品，其余的浆果去壳后送去萃取。令人高兴的是，果肉中的油分要比果壳更丰富，量也更大。

---

1 克里奥尔定居者（Creole settlers）指的是定居在新世界（特别是加勒比地区、美国路易斯安那州、南美洲和中美洲地区）的欧洲血统移民，或者更广泛地指那些地区早期的非洲、欧洲及其他血统的居民。"Creole"这个词最初用于描述在殖民地出生的欧洲人后裔，后来，Creole 在不同地区有了不同的含义，但通常与一个独特的混合文化、语言和身份相关联。

萃取处理

　　浆果被运往德国，以每批 50 吨的规模进行萃取。经过几个月的研发，确保萃取的时间、压力和温度各项参数都能达到完美，在保证质量的同时，亦能满足每个客户的特定需要。奇米迪斯为每个产地提供两类萃取技术：选择性萃取，即仅捕获挥发性分子；完全萃取，萃取量更大，但其中的脂质分子的含量也更多。萃取后的产品有十来种，这意味着气味特征可以进行微调，以保证质量稳定。

"它可以将一些味道从尾调提升至前调"

∙

专访 / 马克·巴克斯顿

马克·巴克斯顿（Mark Buxton），生于英国，曾在哈曼雷默公司（Haarmann & Reimer）[1] 和德之馨（Symrise）工作，后来成为自由职业者并为露姿公司（Luzi）[2] 提供咨询服务。他喜爱生活中的精致事物，包括葡萄酒和高级美食。他推出了自己的品牌马克·巴克斯顿香水（Mark Buxton Perfumes），并且是巴黎香水概念店"鼻子"（Nose）的联合创始人。

你会如何描述自己和粉红胡椒的关系？

粉红胡椒为男性、女性和中性香水增添了一抹现代感和卓越的清新感。和烹饪很像（烹饪是我最大的爱好），粉红胡椒带来的前调充满活力且强劲。我很幸运能在许多小众香水中频繁使用这一原料，这些香水高昂的价格有足够空间来负担大量使用粉红胡椒增加的成本。

是否能举个例子呢，比如您自有品牌的某款香水？

"我生活中的一天"是一款辛辣、木质的玫瑰香水，由 2% 的粉红

1　哈曼雷默公司是一家历史悠久的德国化学和香料公司，1874 年由两位化学家威廉·哈曼和卡尔·雷默创立。这家公司专注于生产香精和香料，尤其在合成香料领域有显著贡献。例如，它成功合成了范尼林（香草的合成形式），这在当时是一个重大的科学成就，并极大地影响了食品和香水的制造。哈曼雷默公司后被荷兰皇家帝斯曼集团（Royal DSM）收购，并与另一家香精公司德威龙（Dragoco）合并，于 2003 年共同成立了新的公司德之馨，现在是世界上最大的香料和香精供应商之一。

2　露姿公司是一家瑞士的香料公司，成立于 1926 年，专注于研发和生产用于个人护理、家居护理、空气护理和香水行业的香精和香料。

胡椒二氧化碳萃取物制成。味道偏辛辣的玫瑰与这种浆果是完美的搭配，粉红胡椒能让"玫瑰"的效果在前调中更为明显。

还有哪些其他味道能和粉红胡椒相得益彰呢？

粉红胡椒是柑橘和绿叶调香料的绝佳推动器，例如，它和少量的女贞醛（Triplal）[1]调和就能达到很好的效果。将其与果香调结合可以凸显它的桃子和杏仁的香气。我喜欢将其与印蒿、万寿菊，甚至有时候与烟草调的香料结合使用。我还注意到，它可以将一些味道从尾调提升至前调，如雪松，可以增强其在前调中的铅笔屑味道。

您在产品开发方面是如何与奇米迪斯合作的？

"欢沁"香水取得巨大成功后，奇米迪斯邀请我加入他们团队，共同努力提高粉红胡椒的质量。我想努力重现那种刚刚被手指捏碎的新鲜浆果的感觉。此事的难度在于观察不同的香气成分，并找到那种不太含萜烯或合成感比较低的果香。巴西胡椒树更加辛辣，有更浓的胡椒味，而秘鲁胡椒树的果香更强，带有杏、葡萄和轻微的烟草味。但你必须小心——如果加入的量超过 2%，整个配方可能就会变得浑浊了！

---

1 女贞醛是一种合成香料，属于化学品类别，通常用于香水和其他香氛产品中，以增加绿叶或新鲜切割草的气味。它具有强烈的绿叶、柑橘和果味香调，能够模拟自然环境中的清新气息。由于其强烈和持久的特性，女贞醛在调香中被用来增强香水的前调，尤其是在想要传达清新、自然或春天主题的香水中。

3 款粉红胡椒香水
Pink pepper in 3 fragrances

奇迹（MIRACLE）

品　牌	兰蔻（Lancôme）
调香师	阿尔韦托·莫利亚斯（Alberto Morillas）、H. 弗雷蒙（H. Fremont）
上市于	2000 年

"奇迹"以清新、含蓄的果香开始，带有一丝荔枝和梨的味道，然后发展为玫瑰和紫罗兰的香气，与辛辣、新鲜的姜和粉红胡椒相融合——这是二氧化碳萃取物的首次使用——之后的气味又加入了粉末、琥珀和明显的麝香调。它为新千年带来了全新的辛辣花香调，唤醒了一种纯净、洁白、闪耀的自豪女性气质。

葆蝶家（BOTTEGA VENETA）

品　牌	葆蝶家（BOTTEGA VENETA）
调香师	米歇尔·阿尔美拉克（Michel Almairac）
上市于	2011 年

这是著名的威尼斯品牌葆蝶家推出的首款香水，以精致、柔软的皮革为主题，将其包裹在粉红胡椒的辛辣气味中。香气背景是蜜糖水果，它的绒毛就像一个甜蜜温暖的拥抱。这款赭色、金色、蜂蜜色调的皮革展现出粉状紫罗兰和柔滑茉莉的空灵香气，最终发展成为木质西普调的厚实尾调。

我的名字叫红（MON NOM EST ROUGE）

品　牌	麦基达·贝卡利（Majda Bekkali）
调香师	塞西尔·扎罗克安（Cecile Zarokian）
上市于	2012 年

玫瑰是这款香水的主角。粉红胡椒和天然树脂的香气共同形成了清新而辛辣的香调，赋予了花朵一种动感、热辣、浓烈尖锐的感觉，就像一瓶上好的香槟，那细腻的气泡在杯中缓缓上升、闪闪发光，在升到杯面时爆裂开来。随后，玫瑰与天竺葵结合出具有金属感的味道，之后又加入了肉桂、豆蔻、生姜和自然的辛辣香气。尾调扩散成大规模的木质琥珀香调。

Bergamot

香柠檬

Bergamot

卡普阿

作为卡普阿（Capua）的明星柑橘产品之一，香柠檬正在帮助促进这家卡拉布里亚家族企业进行技术和人文的持续创新。因此，该公司能够为香水行业提供越发丰富且环保的精油产品！

在位于雷焦卡拉布里亚（Reggio di Calabria）的卡普阿公司办公室的走廊上挂满了家族第四代成员詹弗拉诺·卡普阿（Gianfranco Capua）与一些当代最杰出的调香师的合影。这家专注于柑橘类水果的家族企业在高级香水行业拥有极高声誉。卡普阿为许多品牌和公司提供品质卓越的精油，包括柠檬、橘子、橙子和珍贵的香柠檬，后者在许多香水中都能找到，包括传统的古龙水和最浓烈的东方香调。作为"卡拉布里亚的绿色黄金"，它是卡普阿的标志性成分之一。公司于 1880 年成立，历经五代人的努力，它在专业知识和创新方面至今依然是行业的佼佼者。自 20 世纪 70 年代以来，公司进行了一系列重大投资，使其能够通过各种分子分离技术来萃取精油。"这意味着我们可以满足所有客户的需求，并符合非常特定的具体的嗅觉和分析的要求。"罗科·卡普阿（Rocco Capua）解释说，他与他的兄弟詹多梅尼科（Giandomenico）和父亲詹弗拉诺一起经营着由他的曾曾祖父母创立的公司。这无疑是卡普阿的独特卖点：从这一种水果中，可以生产出种类繁多的精油，每种都具有不同的感官

身份证 IDENTITY SHEET

拉丁学名
Citrus bergamia

常用名
Bergamot

科属
芸香科

采收期
1月/2月/3月/11月/12月

萃取方式
冷压

产出率

250 千克
水果

↓

1 千克
精油

据称，在娇兰的"一千零一夜"（Shalimar）香水中，香柠檬的含量高达

30%

词源

来自意大利语 *bergamo-tto*，极有可能是从土耳其语 *beg-armudi*（"王子的梨""尊者的梨"）演变而来。也有可能来自 *bergama* 一词，这是奥斯曼土耳其对小亚细亚地区（Anatolia）的古城佩加蒙（Pergamon）的称呼。

历史

香柠檬树是柠檬树和苦橙树的杂交产物，自 17 世纪末以来一直培育在雷焦卡布里亚。其果实皮厚，采收期时颜色会由绿色变为橙色。1709 年，通过水蒸气蒸馏获得的香柠檬精油被应用于约翰·玛丽亚·法里纳（Johann Maria Farina）*的首款古龙水中。自 19 世纪以来，冷压法成为香柠檬首选的萃取方法，以确保果皮的香气保持不变。

香气特征

柠檬、芳香、花香、苦涩、活泼、绿叶调

产地

意大利、科特迪瓦

主要化合物
柠檬烯
Limonene
↓
芳樟醇
Linalool
↓
乙酸芳樟酯
Linalyl acetate

每年在卡拉布里亚地区会产出

210 吨
精油

卡拉布里亚地区的香柠檬精油产量占到全球产量的

95%

每棵树每年能产出

50~60 千克
水果

特性。香柠檬确实是一种多面的水果，罗科·卡普阿将其描述为"最多才多艺的柑橘类水果"。在世界上最大的香柠檬产地卡拉布里亚，有大约1700公顷土地上培育着香柠檬——这是一个位于意大利南部、长140千米的沿海地带，果实展示出许多独特的气味特征。南部更清新，北部更具花香，其微妙的香气能捕捉到土壤、阳光和风最细小的变化。"除了每块种植地的独特品质，收获的时间

---

* 约翰·玛丽亚·法里纳是18世纪早期的意大利裔德国商人和香水制造商，创造了世界上第一款现代古龙水。他在1709年于德国科隆创立了他的香水公司，该公司以其所在地命名，称为"在科隆的约翰·玛丽亚·法里纳之家"（Johann Maria Farina gegenüber dem Jülichs-Platz），后来简称为"Farina gegenüber"（意为"法里纳对面"）。这家公司生产的古龙水因其清新的柑橘香气而受到广泛欢迎，并最终使"古龙水"（Eau de Cologne）这一名称闻名世界。至今公司仍在运营，是世界上最古老的香水工厂之一。（因版式设计需要，本书设置跨页注释，序号依次为：*，**，***。——编者注）

也决定了果实的品质，因此，它在采收期的初期呈现充满活力的青涩味道，在采收期末则变得肥美且果香浓郁。"罗科解释说。

无限可能

这个家族工厂使用几类冷萃技术来揭示水果的各种面貌：剥皮机（pelatrice）[1]仅刮取果皮，而压榨萃取（sfuma-torchio）[2]挤压整个水果，将果汁的香味与果皮中的精油融合在一起。所有这些因素的结合带来了无限可能。"我们所拥有的可不仅仅是一套固定的

---

1 "pelatrice"在意大利语中意为"剥皮机"或"去皮机"。这是一种用于去除水果、蔬菜、坚果等食材表皮的机械设备。在食品加工和制备中，pelatrice可以高效地去除原料的外皮，减少手工处理时间，提高生产效率。这种机器在加工柑橘类水果、土豆、胡萝卜等多种食材时尤为常见。

2 "sfuma-torchio"指的是一种传统的意大利柑橘精油萃取技术，用于从柑橘果皮中萃取精油。这一术语结合了"sfumatura"和"torchio"两个词，其中"sfumatura"是一种传统手工技术，涉及轻轻擦拭或压榨柑橘的外皮以收集精油；"torchio"则指压榨机或榨汁机，用于进一步从已处理的果皮中萃取精油。"sfumatura"技术特别注重保持精油的纯净和香气的完整，适用于高品质香水和食品调味料的生产。而"torchio"阶段则通过机械压力确保从果皮中获取最大量的精油。整个过程既保留了柑橘精油的细腻香气，也最大化了从每个果实中萃取油分的效率。

精油产品。几乎所有的客户都有各自的拳头产品。一旦我们与客户建立了'标准'，我们就可以持续为他们提供一整年的精油。"罗科说。目前，公司正在为可持续发展做出巨大投资。它最近在伊奥尼亚海岸购买了 28 公顷的土地，建立了一个"Fab Farm"农场，按照有机和可持续的农耕方法种植水果。这里非常重视通过使用现代灌溉技术来节约用水。此外，公司还支持其合作种植者共同尝试这一转型，其中许多人和家族早已是世交。"我们与农民的这种密切连接是一切差异化的基础，"罗科解释说，"我们和农民个人都有私交，提供全方位的支持，包括技术支持、农业顾问服务、提供土地和树木质量检测等。我们永远铭记他们才是真正的生产者，没有他们产出的水果，我们也就没有可处理的原料。"经由生物贸易伦理联盟（UEBT）[1] 认证，卡普阿目前超过三分之一的香柠檬精油已被认证为符合可持续标准。公司称，其目标是到 2022 年年底将这一比例增加到一半以上。

---

1 UEBT 是"Union for Ethical Biotrade"的缩写，这是一个国际非营利组织，成立于 2007 年，旨在促进在全球生物贸易中实践伦理原则，包括尊重当地社区的知识和传统、保护生物多样性，以及确保从生物资源中获益的公平分配。生物贸易伦理联盟提倡可持续利用自然资源，支持和鼓励企业采取负责任的方式获取和使用生物资源，以保护地球的自然遗产。加入生物贸易伦理联盟的企业承诺遵守该组织的生物贸易伦理标准，这些标准涵盖了保护生物多样性、可持续发展以及当地社区和生产者的权益保障等。

* 花宫娜是著名的法国香水和美容产品品牌，成立于 1926 年，以法国画家让－奥诺雷·弗拉戈纳尔（Jean-Honoré Fragonard）的名字命名，其总部位于香水之都——格拉斯，以其高品质的香水、香薰产品和个人护理产品而闻名。花宫娜还经营着几家博物馆，向公众展示香水的历史、制作过程以及品牌的丰富遗产，进一步巩固了其作为香水文化传播者的地位。

3 款香柠檬香水
Bergamot in 3 fragrances

香柠檬（BERGAMOTE）

品 牌	非凡制造 （The Different Company）
调香师	让-克洛德·埃莱纳 （Jean-Claude Ellena）
上市于	2003 年

在这个香水配方中，始终洋溢着香柠檬愉快、绿色、有活力、多汁和酸涩的香调。它从前调跳跃到中调，伴随着一阵轻微的姜香，起初是辛辣而美味的，然后展现出花香的一面。中调出现了稍带生涩的橙花味，然后在一阵微妙的琥珀尾香中结束，在麝香和大黄的尾调上，柑橘酸爽的气味得到了延展。

卡拉布里亚香柠檬
（BERGAMOTE CALABRIA）

品 牌	娇兰（Guerlain）
调香师	蒂埃里·瓦塞尔 （Thierry Wasser）
上市于	2017 年

这个简单的配方将香柠檬和新鲜香料结合在一起，创造了一个明亮而充满夏日风情的作品。它以十分清爽的方式开场，柑橘清晰可辨，在与苦橙叶精油的配合下，显得多汁、有活力且略带苦味。这个组合接着发展成一种令人惊讶的温暖、柔和、像西普的琥珀尾调，为整款香水带来一个漂亮而优雅的复古基调。

香柠檬（MA BERGAMOTE）

品 牌	花宫娜（Fragonard）*
调香师	纳塔莉·格拉西亚-塞托 （Nathalie Gracia-Cetto）
上市于	2017 年

该香水高度还原了刚从树上摘下的果实那种清新而愉悦的微苦气味，这种清新而阳光的组合与苦橙叶搭配，以强调柑橘的青涩味，具有古龙水的精神。这种调和香散发出一种低调的琥珀调茉莉味道，十分贴肤。其花香和轻微的树脂香，让人联想到茶，减轻了香柠檬更灿烂和带有樟脑味的气味特征。

Woody ambers

木质琥珀

Woody ambers

德之馨

丰厚的尾调、坚实饱满的强度和卓越的持久性："木质琥珀"类别涵盖了相当广泛的合成分子，而所有这些分子都由德之馨开发。调香师对此非常高兴。

木质琥珀有时又被称为"尖锐木香"，它是一个合成分子的大家族，这些成分在行业内赢得了众多粉丝。这些具有琥珀、皮革、动物等多重气息的复杂分子需要小心处理——如过度使用，可能会让鼻子感到刺痛！在过去的 15 年里，它们已经广泛应用于香水中，特别是男士香水。"受中东市场的影响，木质琥珀已成为大热门香型，中东市场的用户非常追求香水的力量感和持久性，"德之馨的高级全球营销经理达尼埃拉·克诺普（Daniela Knoop）说，"市场已经准备好以意想不到的方式使用这些香调，这东西现在太受追捧，甚至有些滥用了。"在实验室中将木质和琥珀香调融合在一起以创造共生关系的灵感最早来源于深海。几十年来，龙涎香——一种来自抹香鲸消化道的分泌物——在全世界的海岸线上被捡拾一空。它之所以拥有矿物质、木质、咸味的综合香气，是由于阳光和海洋的共同作用：它含有的龙涎香醇本身没有香味，但在阳光和水的作用下慢慢氧化成各种化合物，包括具有强烈温暖和动物香气的龙涎醚。在天然龙涎香酊中只发现了极少量的

身份证 IDENTITY SHEET

原料中的优胜者

力量强劲，极低浓度的检测阈值*，动感火辣的特性，持香时间长，在织物上也有出色的持香表现：以上这些特质在木质琥珀里都能找到！

木质结构

到目前为止，这一香料家族中使用最广泛的化合物是龙涎酮（Iso E Super），由约翰·B.霍尔博士（Dr. John B. Hall）于 1973 年为国际香精香料公司获得专利。它由桃金娘烯合成而来，创造出奇迹般透明却有结构的香调，唤起雪松、香根草、龙涎香和花香调的气息。这一成分在"爱马仕大地"（Terre d'Hermès）中的含量超过 50%，而在莱俪（Lalique）的"珍珠美人"（Perles de Lalique）中甚至高达

80%!

"帝王龙涎是香水中木质琥珀香调的万艾可（Viagra）。"
——莫里斯·鲁塞尔（Maurice Roucel）

历史

木质琥珀调香料始于 1949 年，由芬美意公司**的马克斯·斯托尔博士（Dr. Max Stoll）从鼠尾草中萃取龙涎醚（Ambrox）。他当时正在研究鲸鱼龙涎香中的香气化合物。后来，多个香水实验室的化学家纷纷合成了许多具有木质、干燥或琥珀香调的衍生物。目前市场上这类化合物有 30 多种。

谨慎使用！

根据分子结构和剂量的不同，气味的感觉可以从温暖圆润变化到极致的阳刚勇猛。过量使用可能会造成灼热感，甚至刺激鼻窦，因此它们又有"尖锐木香"的绰号！

500€

1 千克龙涎醚的成本大约是 500 欧元，相比之下，1 千克天然龙涎香的价格则是几万欧元。

40%

1990 年至今，市面上约有 40% 的香水含有龙涎醚。

族谱

1949 年
龙涎醚
（芬美意）

1973 年
龙涎酮
（国际香精香料公司）

1978 年
特木倍醇（Timberol）
（德威龙 / 德之馨）

1987 年
卡拉花醛（Karanal）
（联合利华）

1997 年
帝王龙涎
（Ambrocenide）
（德威龙 / 德之馨）

2001 年
"超级龙涎"
（Amber Xtreme）
（国际香精香料公司）

2010 年
"极致龙涎"（Ambrostar）
（德之馨）

龙涎醚，但它可以用从快乐鼠尾草中萃取的天然化合物香紫苏醇（sclareol）合成。这使它成为 100% 生物来源的成分，与当前关注环境的议题不谋而合。

龙涎醚象征着人造成分发展过程中一个新趋势的开始，其中一些人造成分是用天然产品如雪松和冷杉合成的。自 20 世纪 70 年代以来，德之馨的化学家们创造了许多新的分子，这些分子已成为木质琥珀家族的重要成员。实验室的研究可能与森林和海洋相去甚远，但它确实提高了奢侈香水和清洁剂中香气的性能和持久力——并且新的突破仍在不断发生。

活力四射

德之馨每年要开发数百种分子，并将其中最成熟的分子从化学实验室转移应用到香水中。其中之一就是降龙涎醚（Ambroxide Cryst）——一种柔和的琥珀调分子；还有"木质琥珀 F"（Amberwood F）和特木倍醇，都是木质琥珀。通过在环保实验室里进行的研究，德之馨完善了新一代的木质分子，如"龙涎木香 K"（Ysamber K），它对环境无不良影响，同时为香水配方增添干燥、木质的香调。事实上，"龙涎木香 K"是少数从一开始就可再生且本质上可生物降解

---

* "检测阈值"（detection threshold）指的是人们能够察觉到香水中某一特定成分或香气的最小浓度。不同的香料成分具有不同的检测阈值，有些成分可能需要较高浓度才能被嗅觉捕捉到，而有些则在极低浓度时就能被察觉。了解这些检测阈值有助于调香师创造出层次丰富且和谐的香水。

** 芬美意是一家总部位于瑞士的全球领先的香料和香精公司，成立于 1895 年，由菲利普·许伊（Philippe Chuit）和马丁·内夫（Martin Naef）创立，后来查尔斯·菲尔梅尼希（Charles Firmenich）加入并对公司发展产生了重要影响。它是世界上最大的私人香精公司之一。

的分子之一。

　　所有这些分子都为天然木质精华增添了生机勃勃的力量。由于它们含碳量高，因此蒸发非常缓慢，赋予香水无与伦比的深度和持久性，是配方中优秀的固香剂。

未经雕琢的钻石

　　不可过度使用！德之馨巴黎的调香师莫里斯·鲁塞尔将帝王龙涎（一种 1997 年获得专利的雪松烯衍生物）描述为"香水中木质琥珀调的'万艾可'"。就像那颗小蓝丸，你只需要一点点帝王龙涎，就能带来轻盈且富有空气感的尾调。"调香师、评估员和消费者不得不学会适应这种不同寻常的气味特征——木质的、琥珀的、干燥的且充满了难以置信的能量，"达尼埃拉·克诺普承认，"它能够使其他香调更为突出和丰满，但需要小心处理以达到和谐的效果。"德之馨团队将其比作未经雕琢的钻石。帝王龙涎因其宝石般坚固、持久却又锐利的特质而被用于香水中，发掘出嗅觉光谱中意想不到的元素。

"极致龙涎（2010 年）可以被视为帝王龙涎的'小弟弟'被注射了类固醇。"德之馨德国的调香师亚历山大·伊兰（Alexandre Illan）开玩笑说。这种专有分子也有着相同的强大效果。"但它的辛辣感在前调时就会爆发出来，"他介绍说，"极致龙涎让辛辣的香气更突出，强化了芳香，并带来了惊人的持久性和尾调。"

"Symroxane"推出于 2018 年，在此之前至少 15 年的时间里仅为德之馨的调香师所用。它不像木质琥珀家族的其他成员那样会产生立竿见影的效果，但具有更丰富的面貌。它产自一种天然存在于喜马拉雅冷杉精油中的萜烯，而非石油化学工业的产物，且可再生性高达 91%。这种新成分因其顺滑的气味特征以及柔和的香根草、轻微的烟草、干果和深色浆果的香调而受到调香师的欢迎。德之馨的化学家持续探索木质琥珀中更极端辛辣、皮革、焚香般的特征，追求更多的嗅觉享受。当今的挑战是不断追求既创新又环保的合成成分。

---

* 梵诗柯香是一家著名的高端香水品牌，由法国著名调香师弗朗西斯·库尔吉安于 2009 年创立。品牌中非常受欢迎的一款香水"晶红 540"是与著名的法国水晶品牌巴卡拉（Baccarat）合作推出的，以纪念巴卡拉成立 250 周年。

3 款木质琥珀香水
Woody ambers in 3 fragrances

耻辱（BLAMAGE）

品　牌　纳斯马图（Nasomatto）

调香师　亚历山德罗·瓜尔蒂耶里
　　　　（Alessandro Gualtieri）

上市于　2014 年

　　"Blamage"是一个德语单词，意味着轻微的耻辱或尴尬。该品牌将这款香水呈现为一次由人为错误导致的偶然创作。传统的东方结构被以帝王龙涎为首的一系列木质琥珀打乱。一些绿叶调、金属质感的水果香气与焦油、香草、皮革的味道擦肩而过，被麝香和龙涎醚层层包裹，刻意突出了一种合成的美学。

晶红 540（BACCARAT ROUGE 540）

品　牌　梵诗柯香
　　　　（Maison Francis Kurkdjian）*

调香师　弗朗西斯·库尔吉安
　　　　（Francis Kurkdjian）

上市于　2015 年

　　虽然这款香水的核心是一种圆润的茉莉花香，但这款美味的东方香也被一种木质琥珀和藏红花调和的奢华香气所缠绕。天然和合成香调的混合营造出一种令人振奋的糖果般的柔和感觉。雪松带来干燥感，冷杉增添了萜烯香调，而整体印象却是像糖果一般，令人惊讶。木质琥珀赋予了香气强大的延伸力，强调了苔藓和龙涎香的特点。

碳（CARBONEUM）

品　牌　以太（Æther）

调香师　A. 布儒瓦（A. Bourgeois），
　　　　A.-S. 贝哈格尔（A.-S. Behaghel）

上市于　2016 年

　　受到氯丁橡胶潜水衣气味的启发，"碳"这款香水——就像所有以太的作品一样——只使用合成成分。在干净、木质、抽象的背景下，特木倍醇的干燥琥珀调与金属质感的海洋醛、一丝杏仁和水果的香气相融合，还有一种麝香皮革的香味，让人联想起麂皮和烟草。整款香水像一个在记忆的空灵迷雾中迷失的假日美梦。

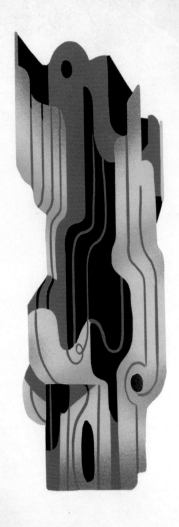

Agarwood

沉香

Agarwood

阿格罗弗雷斯公司

沉香，阿拉伯语名为"乌木"（oud），也俗称为"神木"和"液体黄金"。它是调香师调香盘中最昂贵也最神秘的原料之一。阿格罗弗雷斯公司（Agroforex）[1] 从30年前开始在老挝建立可持续的、符合伦理的供应链，以保护这一宝贵的自然资源，确保贸易的收益惠及当地社区，并提升沉香对西方业者的价值。

沉香树是一种修长高大的常青树，10年树龄的沉香树可高达8 ~ 10米。在老挝，它生长在位于安南山脉的山麓高原上的多雨地区。安南山脉是老挝与越南的分界线，在当地的种植园里，植被疯长，家畜安静地进食。50岁树龄的沉香树被称为"Mai Vadsana"，意为"幸运之树"，因为在这个成熟阶段的树木之中，可能蕴藏着一种宝藏：沉香。沉香在中东和远东都备受珍视，传统上被用作焚香或用于阿塔尔（Attars）[2] 和香油中。自千禧年以来，它的木质、皮革、动物香调也在西方的高端香水中越发受到欢迎。数百年来，它一直被视为一种珍贵的原料："当暹罗国王

1　阿格罗弗雷斯公司是一家成立于1992年的公司，专注于开发、种植和初加工老挝的本土自然资源并销往欧洲。

2　阿塔尔是一种传统的天然香水油，起源于古代印度。它们通过将植物材料蒸馏进植物油或动物香基中制成，最常见的香基是檀香油。

身份证 IDENTITY SHEET

拉丁学名
Aquilaria crassna

常用名
Agarwood, oud,
aloeswood, agaru,
gaharu, eaglewood

科属
瑞香科

采收期
全年

萃取方式
水蒸气蒸馏

蒸馏时间
72~96
小时

产出率
100 千克
木头

可产生
500~
800 克
精油

词源
来自梵文 *agar*，指的是瑞香科沉香属（*Aquilaria*）的沉香树。拉丁文中 *Aquila* 意为"鹰"，而阿拉伯语中 *al oud* 意为"棍棒"。

历史
沉香属原产于东南亚的丛林之中，包含约 20 个不同的物种。这种树木在被昆虫寄生或由人工干预后，会感染上一种真菌，并分泌出一种香味浓烈的树脂，被称为"沉香"或"乌木"。其气味特征因物种和时间的不同而有所差异。在中东和远东，这种材料传统上被用于熏香，还有其他多种用途，有些需要添加酒精使用。沉香也在日本的香道仪式中被用作焚香。据梵文文献记载，沉香的蒸馏可能始于公元 1000 年左右的印度。

香气特征
木质、烟熏、皮革、脂肪、酸、果香、动物，甚至是粪便气味，带有山羊奶酪的气息。

产地
老挝、柬埔寨、泰国、越南

主要化合物
沉香螺醇
Agarospirol

脱氢沉香雅槛蓝醇
Déhydro-jinkoh-
eremol

苍术醇
Hinesol

二氢卡拉酮
Dihydrokaranone

缬草醇
Valerianol

卡拉酮
Karanone

沉香雅槛蓝醇
Jinkoheremol

过去 20 年来，西方的调香师一直在探索沉香的潜力。有些人使用珍贵的精油本身，而有些人则更喜欢使用其他成分来重构它，因为天然的沉香极其昂贵，并且对西方人的嗅觉习惯来说，它的香气过于霸道了。

派遣大使到路易十四的凡尔赛宫时，所携带的礼物之一就是来自老挝王国的沉香木水罐。"弗朗西斯·沙尼奥（Francis Chagnaud）解释说。他于 1992 年在老挝创立阿格罗弗雷斯公司，旨在促进该国自然资源的国际贸易。公司受委托重新启动安息香生产后，获得了采收沉香的政府授权。"几个世纪以来，采收沉香一直是老挝国王的特权，毫无疑问，在这个'十字路口'地区也存在着不那么正规的贸易。这一资源在 1989 年该国开放后总算是变得公开透明起来。由于产品过于热门，假冒伪劣品层出不穷。建立产品质量标准花费了一段时间，过度采伐则使得该产品必须列入《濒危野生动植物种国际贸易公约》[1]保护名单。这是一项繁重而重要的工作。我们对沉香采取了与安息香相同的开创性的伦理和可持续方法。"沙尼奥补充说。阿格罗弗雷斯公司每年生产 120 千克的精油，并承诺支持一个每年种植 1.2 万棵树的项目，通过签署长期合同获取最终使用权，将村庄社区团结得更紧密。

昆虫和真菌

为什么它的精油如此昂贵——优质产品起价为每千克 2.5 万美元？沉香的形成是一个极其独特的过程的结果。"在新的生长季之初，穴居类昆虫在树上挖洞以获取树液；然后，蚂蚁钻进这些洞

---

1 《濒危野生动植物种国际贸易公约》（CITES）是一个国际协议，旨在确保国际贸易不会威胁野生动植物种的生存。《濒危野生动植物种国际贸易公约》附录包括了从大型哺乳动物（如象、犀牛和虎）到小型植物和昆虫的数千种动植物。这个名单定期更新，以反映物种保护状况的变化和新的科学信息。《濒危野生动植物种国际贸易公约》的目的是通过控制和规范贸易，帮助确保全球生物多样性的长期存续。

里并分泌出一种刺激沉香树的物质，用于标记自己的新领地。树木分泌出树脂，把受到蚂蚁攻击的区域慢慢包裹起来，这种树脂随着时间的推移会变硬并给木头上色。这就是沉香。"弗朗西斯·沙尼奥解释说。

人们还使用不同的技术来制造沉香，包括传统的砍伤法，即用斧头进行深切割以使木材暴露于真菌（如黑头孢）的感染之下。精油之所以极其昂贵，还因为这个过程需要持续几十年的时间。树木需要生长25年才能产生真正的沉香木。为了在此期间给当地社区创造收入，阿格罗弗雷斯公司开发了一种精油，取自10年树龄的沉香树。"如果我们种植了1000棵树，其中某些树在10年后就可以被砍收，而不需要等上25年才能收获。这不仅对目前尚存的沉香树有好处，而且为种植者带来了收入，特别是对西方调香师来说，也是一个相对更实惠的产品。这是一个很好的折中方案。"弗朗西斯·沙尼奥指出。

漫长的转型

无论树木在生长的哪个阶段被砍伐，都需要当地种植者依靠大量的专业知识来识别出成熟的被感染的沉香树。树被砍倒之后，就会被剥去树皮、切碎。一根重 150～250 千克的树干中，可用的只有 30 千克。极其昂贵的芯材不进行蒸馏，而是被仔细清理，以便送往中东及远东作为焚香使用。剩余的木材被切成大块，然后在阳光下晾晒 3～4 天。接着再将大块木头片成碎片，在大水泥盆中用水浸泡 15～30 天。然后将木片分成更小的碎片，继续浸泡 15～30 天。这样做的目的是在蒸馏之前使木细胞充分破裂。由此产生的精油价格高昂，主要是由于蒸馏产率低得惊人，仅为 0.5%～0.8%（假如与檀香相比，仅为其十分之一）。阿格罗弗雷斯公司使用生长了 25～30 年的奇楠（*Aquilaria crassna*）来生产一种名为"帕劳 1 号"（Palao 1）的精油，它具有温暖、烟熏、皮革，带有轻微内酯香、果香的香调，以及明显的粪便味，与海狸香、桂花香和广藿香略有相似。类似的味道组合也出现在"帕劳 2 号"（Palao 2）中，这是从 10 年树龄的树木中获得的精油，它也有自己的特点：烟熏味较少，动物与粪便味更重，带有脂肪和蜡的气息。

3 款沉香香水
Agarwood in 3 fragrances

爱之沉香（OUD FOR LOVE）
品　牌　非凡制造（The Different Company）
调香师　贝特朗·迪绍富尔
　　　　（Bertrand Duchaufour）
上市于　2012 年

在这款清新、阳光明媚的配方中，沉香被表现为一种柔软而圆润的形态。一种威士忌酒香扩散开来，转化为阴郁、辛辣、隐约带有粉质的香调。白花醛、麝香和闪耀的香脂与沉香和檀香木联手营造出深沉的木质效果。随后，香水发展成为一种浓郁的琥珀调，带有一丝动物的气味和温暖焦糖香气的舒缓变化。

夜晚（THE NIGHT）
品　牌　馥马尔香水出版社
　　　　（Éditions de parfums F. Malle）
调香师　多米尼克·罗皮翁
　　　　（Dominique Ropion）
上市于　2014 年

这款香水是对浪漫中东的颂歌，据说含有高达 21% 的印度沉香。前调突出了木材中的动物性气味——不仅仅是熟悉的皮毛味，还有更有趣的羊圈、生羊毛和羊毛脂的味道。它的动物性随后与香料的其他强烈植物特征以及庄严的、果香的、肉质的玫瑰交织在一起。波德莱尔大概会说，"夜晚"是对沉香的一次充满活力、深刻且成功的大师级解读。

乌木丝缎心情（OUD SATIN MOOD）
品　牌　梵诗柯香
　　　　（Maison Francis Kurkdjian）
调香师　弗朗西斯·库尔吉安
　　　　（Francis Kurkdjian）
上市于　2015 年

当弗朗西斯·库尔吉安预备构想一个发光的、永恒的、唤起东方情调的氛围时，他勾勒出了这样一幅图景：一朵精巧的糖衣玫瑰，就像一块美味的土耳其软糖，散发着奶油味儿与粉质的紫罗兰香调。它们斜倚在由安息香、琥珀和香草打造的床上，老挝沉香则是这一切的基本结构。这种沉香展示了黑暗、动物般的特点，与天鹅绒花朵秀色可餐的柔软形成了鲜明对比。

Blackcurrant bud

黑醋栗芽

Blackcurrant bud

莫妮克·雷米实验室

　　黑醋栗芽净油于 20 世纪 70 年代出现在香水界，以其绿叶调、果香和硫黄味的特性丰富了调香师的调香盘。国际香精香料公司旗下的天然原料子公司莫妮克·雷米实验室（LMR Naturals）率先使用了该成分。它与合作社"勃艮第丘"（Les Coteaux bourguignons）的长期合作实现了行业的机械化，确保了行业的发展。

　　在相当长的时期内，种植黑醋栗灌木主要是因为其小巧、有光泽的黑色果实可以用于制作利口酒，特别是在勃艮第地区，由于大量葡萄园受到葡萄根瘤蚜侵袭，在 19 世纪下半叶引进了黑醋栗。直到 20 世纪 60 年代末，黑醋栗才开始用于香水业：位于格拉斯的公司"卡米利、艾伯特和拉卢"（Camilli，Albert et Laloue）成功从灌木芽中萃取出了净油。莫妮克·雷米是这家公司的技术总监，后来创办了莫妮克·雷米实验室。这种富有绿叶调、果香和硫黄味，像烈性酒一样强劲的净油一经问世，就成为调香师调香盘上少见的天然果香调之一。"新原料的需求起初增长缓慢，随后几十年增长迅速，直到逐渐供不应求，到千禧年前后，价格居高不下。因此，2002 年，莫妮克·雷米实验室决定与合作社'勃艮第丘'达成长期合作伙伴关系，以确保供应链稳定。"当时管理公司的伯纳德·图勒蒙德（Benard Toulemonde）介绍道。莫妮克·雷

身份证 IDENTITY SHEET

拉丁学名
Ribes nigrum

常用名
Blackcurrant,
black currant, cassis

科属
茶藨子科

采收期
1 月 / 2 月 / 12 月

萃取方式
挥发性溶剂萃取

产出率

100 千克
花瓣

↓

4.5 千克
浸膏

↓

4 千克
净油

词源
单词 "currant" 来源于中古英语 * 的 *reysouns of corans*，借自盎格鲁法语** *raisins de Curance*（科林斯的葡萄干）。至于拉丁语 *Ribes*，则来自丹麦语 ribs（红醋栗），而 *nigrum* 意为 "黑色"。

历史
黑醋栗原产于北欧，传统上与葡萄酒种植有关，常见于勃艮第，并自中世纪起因其多种药用特性而闻名。虽然这种水果长久以来被用作制造果酱或利口酒，但其芽在最近才更多地用于食品调味料、树芽疗法（通过芽和新生枝条的萃取物进行治疗）。自 20 世纪 70 年代以来，黑醋栗芽被用于香水制造。

香气特征
水果味、绿叶调、松脆、多汁、萜烯、提神、硫、粗糙、树脂味，也有人认为带有葡萄柚、百香果、猫尿和黄杨木的味道。

产地
波兰、法国、摩尔多瓦、澳大利亚

主要化合物
香桧烯
Sabinene

↓

β - 石竹烯
Beta-caryophyllene

↓

对伞花烃
Para-cymene

↓

3- 蒈烯
Delta-3-carene

↓

左旋哈氏豆属酸
Hardwickiic acid

↓

β - 水芹烯
Beta-phellandrene

由于其净油的价格高昂，人们开发了更易处理且可直接使用的合成香基。这极大地促进了这种果香调在香水中的流行。其中两个例子是 "黑醋栗团"（Corps Cassis）和卡西斯基香基（Cassis Base 345 B），它们用于增强或替代黑醋栗净油。

黑醋栗丛完全成熟需要

3~4 年

勃艮第的花瓣产量	1980 年 **2** 吨	2000 年 **10** 吨	2020 年 **60** 吨

米实验室承诺在十年内采取预付款的方式，以固定价格购买合作社每年 50 公顷的产量。这一合同条款有利于生产者，鼓励大家充满干劲地投入种植工作，尤其为了实现机械化收获的目标，大家也更愿在研发上进行投资。

勃艮第黑，那不勒斯之王和碧哥罗

如今，法国的黑醋栗种植面积达到 500 公顷，主要分布在科多尔省——勃艮第 - 弗朗什 - 孔泰大区——以及约讷省、索恩 - 卢瓦尔省、上索恩省、朗斯省和艾讷省。种植的品种有几种：勃艮第黑（Noir de Bourgogne）和那不勒斯之王（Royal de Naples），这两种是该地区的传统作物品种，为其果实而种植多年；碧哥罗（Bigrou），由法国国家农业研究所（INRA）选育，用于果芽的栽培。

黑醋栗灌木幼苗通常在 10 月下旬至次年 3 月中旬播种，具体时间取决于土壤的性质和种植者的工作量。它们要到 3 岁或 4 岁时才能达到最大的果实产量。叶芽在春末露头，最初呈小针状，然后在 7 月展露出特有的外观：卵形，叶片略带尖，被鳞片覆盖，呈白绿色。至 10 月中旬，叶片长到最大尺寸，与咖啡豆差不多大小。冬季，叶片停止生长，此时叶片略带紫色且发硬。

创新区块链

黑醋栗收获时间通常是 12 月 20 日到次年 2 月 10 日。传统的

---

* 1150 年到 1500 年使用的英语。

** 盎格鲁法语（Anglo-French），诺曼时代在英国使用的法语。

做法是等到 1 月霜冻出现，显然这不会影响芽的质量或产量。然而，芽一旦开裂，就会失去其特性，因此人们担心的反而是气候温和的晚冬时节。另一方面，如果过早进行采收，娇嫩的芽会非常容易受损。多年来，采摘工作一直是手工进行的，直到 20 世纪 90 年代才初次尝试进行机械化采收。然而，直到 10 年后，谷物收割机的改良才引领更为复杂和高效的机器广泛投入使用，从而显著提高了生产效率。

黑醋栗灌木长到 0.8～1.5 米时，会被修剪至 0.2 米高，并清除其枝干上的芽。使用机械化手段，每天可以采收 100 千克的芽（使用普通的剪刀只能采收 500 克）。植物必须保持干燥，这意味着采收的时间得是中午到下午 5 点之间，待早晨的露水蒸发掉才能进行。雨天可能会推迟采收工作，尤其重型机械可能会损坏浸水的地表。采收到的芽里仍然混着碎树枝和其他杂质，需要进行清除。机械化的过滤在采收当晚进行，分为 2～4 个步骤。然后，处理过的芽被运送到位于洛泽尔的奥蒙奥布拉克，在那里会使用挥发性溶剂在由莫妮克·雷米实验室所生产的设施中对植物芽进行萃取处理，从而产出浸膏。浸膏会被送往公司位于格拉斯的另一个工厂，在那里用酒精洗去蜡质，以获得净油。

莫妮克·雷米实验室进一步改进了黑醋栗芽的种植过程，创建了香水原料中的首个专用区块链。它用于记录种植过程中每个阶段有价值的信息：每个生产商将他们采收的作物交给合作社，合作社将产地、生产商身份、价格和数量输入区块链中。当芽被送到莫妮克·雷米实验室时，会产生一个新的记录，进行加工时又会产生另一个记录，最终形成一个全程可追溯的供应链，从农田间到最后出品装瓶，都尽在掌握中。

3 款黑醋栗芽香水
Blackcurrant bud in 3 fragrances

在性解放思潮的高峰期，娇兰开始吸引新一代具有自由精神的现代女性。黑醋栗芽在这款香水中的使用方式前所未有：这种成分结合白松香和风信子的气味，带来了一股清新的解放之风。然而，一束巨大的白花将香水的结构锁定在特定的高傲的古典主义中。茉莉、依兰和玫瑰被裹在一片醛的粉状的雾气里，然后融于琥珀、奶油和木质的香调。

爱之鼓（CHAMADE）

品　牌	娇兰（Guerlain）
调香师	让 - 保罗·娇兰（Jean-Paul Guerlain）
上市于	1969 年

受到海边花园的启发，"沙丘"的香气结构核心体现了陆地与海洋之间的对比。黑醋栗芽带来青涩和微苦，而香柠檬和柑橘则传达出一种起泡的清新感。百合和依兰的浓郁气味融入金雀花、广藿香和苔藓的调和香调中，带有咸味地衣的气息。这种碘绿色沐浴在琥珀、香草和带有乳脂气息的檀香的气味中，就像阳光温暖的抚慰。

沙丘（DUNE）

品　牌	迪奥（Dior）
调香师	多米尼克·罗皮翁（Dominique Ropion），J.-L. 西厄扎克（J.-L. Sieuzac）
上市于	1991 年

这款重新演绎的花香东方调香水融合了阳光般的、美食的元素，前调带有一抹绿叶调。开场果香酸涩，将翠绿的黑醋栗芽和明媚的香柠檬与伯爵茶融合在一起。接着，清新的茉莉和铃兰花心香味悄然出现，然后逐渐演变成浓郁的奶油、乳香和杏仁的尾调，伴随着香草、零陵香豆和檀香的气息，带有淡淡焦糖香。一圈轻薄纯净的麝香光环将香水包裹在醇厚而舒适的薄纱中。

宠爱宣言（MANIFESTO）

品　牌	圣罗兰（Yves Saint Laurent）
调香师	禄·东（Loc Dong）安妮·弗利波（Anne Flipo）
上市于	2012 年

Roman chamomile

罗马洋甘菊

Roman chamomile

阿尔贝·维埃耶公司
（奇华顿集团）

梨、皮革、干草、尘土：罗马洋甘菊精油的香气相当多元。罗马洋甘菊如今非常流行，但很早以前，阿尔贝·维埃耶公司（Albert Vieille）就开始努力与法国和意大利的种植者建立合作伙伴关系。在这些地方，这种美丽的白色小花一直是传统作物。

早在1981年，阿尔贝·维埃耶公司（2019年被奇华顿集团收购）就与意大利皮埃蒙特地区一家专门种植芳香和药用植物的种植机构建立了合作关系。公司负责采购原材料的奥雷莉·奥特里克（Aurélie Autric）介绍说："随着时间的推移，我们的关系发生了变化。最初我们的合作是基于龙蒿，然后我们建立了罗马洋甘菊供应链，合作的项目就增加了。至少自20世纪30年代起，罗马洋甘菊就一直是意大利这个地区的传统作物。"

阿尔贝·维埃耶公司在过去的40年里一直积极培养和巩固与意大利合作伙伴的关系，并与该国的许多种植者和加工商进行合作。该公司在法国也有合作伙伴。这个合作网络为公司的罗马洋甘菊供应链提供了极高的可追溯性，并为买家保证了产品的质量和数量。

像水果又像酒

近年来，罗马洋甘菊精油被广泛用于芳香疗法、天然化妆

身份证 IDENTITY SHEET

拉丁学名
Chamaemelum nobile
旧称 *Anthemis nobilis*

常用名
Roman chamomile,
chamomile,
common chamomile,
ground apple

科属
菊科

采收期

7 月

萃取方式
水蒸气蒸馏

**使用阿伦比克
蒸馏器
所需的
蒸馏时间**

3

小时

**使用安装在
拖车上的
蒸馏装置
所需的
蒸馏时间**

1.5

小时

词源
这种植物的名称来源于
两个希腊词：*khamai*，
意为"在地面上"，以及
melon，意为"苹果"。
这反映了它的小巧体形，
以及丰沛的青苹果香气。

历史
罗马洋甘菊原产于欧洲大
西洋沿岸和北非。从前
主要是制成精油或冲泡以
药用。19 世纪，草药师
皮埃尔 - 艾梅·戈迪永
（Pierre-Aimé Godillon）
将其引入法国。由于高
昂的成本和强烈的气味特
性，这种成分在香水中并
不常用。

香气特征
花香、草本、芳香、果
味、类似酒的味道、皮
革、苦涩，带有干草、苹
果和梨的气息。

产地
英国、比利时、保加利
亚、法国、意大利、北
非地区

主要化合物
当归酸异丁酯
Isobutyl angelate

当归酸异戊酯
Isoamyl angelate

甲基丙烯酸异戊酯
Isoamyl methacrylate

甲代烯丙基醇
Methylallyl angelate

**2018 年，
全球种植的
商用罗马洋甘菊
仅约有**

1000

公顷

产量约为

16

吨

产出率

600 千克
花朵

1 千克
精油

品和香水行业。它如此流行要归功于其果味和酒味的气味特性。总的来说，它被形容为"有山羊味"。这并不是说它散发出山羊般的气味，而是指干草、梨和尘土的味道。作为原料，它可以作为女性花香和男性芳香的辅助角色，并微妙地诱导出皮革的香调。

在田间，蓬松的球状花朵并不喜欢清晨的露水。不像玫瑰和茉莉总是在黎明时分采收，罗马洋甘菊通常在7月的下午开始采收，须得等阳光将它们烘烤透彻才行。为了使效率最大化，阿尔贝·维埃耶公司在一个安装于拖车上的装置中进行蒸馏：将采收的花头放入一个拖车上的蒸馏装置中，并通过一个大喷嘴注入蒸汽。这种方法能够制造与更传统的蒸馏方法相同的气味效果，还节约了大量时间。整体所需时间减少了一半，并避免了把花朵从拖车移动到蒸馏罐中这一费力的步骤。

分享专业技能

洋甘菊的种植需要用到"层埋"技术，需要把其暴露在外的巨大根部进行重新种植。"我们的种植者都有他们需要的所有植物，"奥雷莉·奥特里克指出，"他们不必进行额外的采购，就可以根据需要扩大种植面积。"阿尔贝·维埃耶公司还与种植者分享了几十年的专业知识，帮助他们改良作物和改进加工技术，同时增强他们的自主权。例如，该公司派出团队携带移动蒸馏装置向一名法国种植者展示他们的技术，以便他可以在现场加工自己收获的产品。他现在已经在田间安装好了自己的蒸馏装置。"我们了解种植者的每一寸土地，"奥雷莉·奥特里克强调，"我们不是中间商，我们是

农民的合作伙伴，共同创立项目。这意味着我们能够以最优惠的价格获得最高质量的精油。"

轮作

种植洋甘菊的主要挑战是控制杂草的生长。洋甘菊对自发生长的杂草非常敏感，这些杂草会妨碍其充分生长。农民们必须密切关注作物，及时清除杂草。因此需要在田地里进行手工锄草，这确实是一项很耗体力但必要的工作：一旦洋甘菊占据了生长上的优势，就会形成浓密的植被。在进行除草的过程中，重要的是不能使用除草剂。意大利开发了一项技术，可以减少植物保护产品的使用，那就是"轮作"：每4～5年，洋甘菊田会改种谷物或豆类。在法国，一些种植者现在正在转向有机生产，而阿尔贝·维埃耶公司的合作伙伴们正在研究机械除草技术。

法国和意大利的洋甘菊种植者已经开始互相分享种植技巧和蒸馏技术了。他们都使用太阳能板来减少对环境的影响并优化成本。阿尔贝·维埃耶公司自豪地宣布，公司于2020年获得欧盟有机认证（Ecocert）的"公平贸易"认证[1]，以表彰其与意大利合作伙伴的贡献。该标签不仅意味着产品具有公平贸易供应链，还体现了双方在商业上的社会责任感。"该标签反映了我们与皮埃蒙特地区洋甘菊种植社区的长期合作关系是以统一的价值观作为坚实基础的。"奥雷莉·奥特里克总结道。

---

1 "公平贸易"（Fair for Life）认证更具社会和环境责任感的供应链，适用类目：美容与个人护理、健康、家庭和婴儿护理、杂货和美食、家居与厨房等。

3 款洋甘菊香水
Chamomile in 3 fragrances

1881
品　牌　切瑞蒂（Cerruti）
调香师　克莱尔·卡安（Claire Cain）
上市于　1995 年

　　1881 的设计理念在于用亚麻的香气向切瑞蒂品牌的高级定制服装致敬。它以一束娇嫩、空灵的春季花朵来体现温柔、谦逊的女性气质。洋甘菊的花瓣舒展开来，如同一杯让人身心舒缓的草药茶。茶杯被鸢尾、含羞草和紫罗兰的轻柔薄雾所环绕，同时伴有玫瑰和铃兰的柔软香气。淡粉色的瓶子表达出气味里温柔体贴的印象，就像是在你的脖颈上留下轻轻一吻。

眼罩（OEILLÈRES）
品　牌　罗伯托·格雷科（Roberto Greco）
调香师　马克 - 安托万·科尔蒂夏托
　　　　（Marc-Antoine Corticchiato）
上市于　2017 年

　　这款香水被设计成"反花香"，以热烈的焦油和青草气味开场。一股黑色胶乳、燃烧的轮胎和辛辣的树脂味喷薄而出，被安息香一阵扫荡，在干草堆的背景下，向一株粉状的、潮湿的、蜂蜜味的洋甘菊发起了挑战。迷幻般的开场逐渐平静下来，展露出被孜然浸透的神秘皮肤褶皱的感官气息，覆盖着柔软的皮革，带有一种难以磨灭的刺鼻的植物气味。

追忆（MÉMOIRE D' UNE ODEUR）
品　牌　古驰（Gucci）
调香师　阿尔韦托·莫里利亚斯
　　　　（Alberto Morillas）
上市于　2019 年

　　这款香水的主角是一杯洋甘菊浸泡液。调香师很少将洋甘菊放在主角的位置，通常将其作为其他成分的配角。但在这款香水中，它竟走到了舞台中央，展示其全部的芳香、草本、苦涩、奶香和辛辣的面貌，以一种完全闪烁、缥缈、透明的表现呈现。水杨酸和二氢茉莉酮酸甲酯让它细微的差别得以释放，结合了晶莹的雪松和檀香，形成了一种轻盈如空气的、飘逸的氛围。

Cinnamon

肉桂

Cinnamon

韦尔热公司

　　人们普遍认为最优质的肉桂产自斯里兰卡。在该国西南部，市场的新玩家韦尔热公司（Verger）正在寻求将供应链变得现代化，同时保留传统技术。可持续性、道德贸易、可追溯性和创新等核心价值观贯穿于韦尔热公司的业务模式中，致力于将肉桂带给新的受众。

　　这种褐色树皮的温暖、辛辣的芬芳深受全球香水制造商和美食家的喜爱，这一切都始于斯里兰卡。该国在独立之前被称为锡兰，因此此处的肉桂被称为锡兰肉桂。如今，它主要在该岛国西南角种植，沿着从本托特到坦加勒的海岸线，延伸至从拉特纳普勒到恩比利皮蒂耶的内陆地区。这里的肉桂树在强烈的阳光和丰沛的降雨中茁壮成长，整整齐齐地排列在小规模的种植园中，种植面积大多数情况下不会超过 2 公顷。它们不太需要维护或处理，因此产品处于可认证的有机状态。如果始终不加修剪，树木可以长到 10 米高。

肉桂树干：从绿到棕

　　当肉桂作为一种经济作物时，树木往往是灌木状的，高 2 ~ 2.5 米，能够持续数十年不断发出新芽。幼树粗糙的树皮是绿色的，而成熟的树皮则会变成褐色。"树皮变得太硬就会难以加工，所

身份证 IDENTITY SHEET

拉丁学名
Cinnamomum verum,
Cinnamomum
zeylanicum

常用名
Cinnamon,
Ceylon cinnamon,
true cinnamon

科属
樟科

采收期
5月/6月/7月/
8月/9月/10月/
11月/12月

萃取方式
水蒸气蒸馏
溶剂萃取
超临界流体萃取

产出率

100 千克
树皮

↓

0.5~1.2
千克精油

词源
来自古法语 *cinnamome*，
通过拉丁语和希腊语，
最终源于古希伯来语中
的名称，可能基于马来
语中"甜木"一词。

历史
肉桂原产于斯里兰卡。
因其香气，它已经在药
用和宗教仪式上有近
5000 年的使用历史。
有时它比黄金还贵，也
曾被当作一种货币在贸
易中使用。独特的风味
使其成为许多美食菜系
的点睛之笔，不论是印
度、斯堪的纳维亚还是
美国，都能在菜品中见
到肉桂的身影。

肉桂有许多品种。市场
上最常见的是来自中国
的一种肉桂，又被称为
桂皮（*Cinnamomum*
cassia）。假如用作香
料和蒸馏，锡兰肉桂仍
然是最受欢迎的。

香气特征
香辛、温暖、木质、粉
状、柔和、辛辣

产地
塞舌尔、马达加斯加、斯
里兰卡

主要化合物
β-石竹烯
Beta-caryophyllene

🝔

肉桂醛
Cinnamic aldehyde

🝔

乙酸桂酯
Cinnamyl acetate

🝔

芳樟醇
Linalool

🝔

丁香酚
Eugenol

市场用途
65% 用于食品工业
35% 用于制香

斯里兰卡年产量

40 000
~
50 000
吨树皮

58
吨精油

以我们在它变硬之前就要进行采收。"韦尔热公司首席执行官努万·德拉热（Nuwan Delage）介绍道。该公司成立于2013年，拥有160名员工，并建立了一个本地种植者网络，为香水、调味品和芳疗部门提供香料和相关的原料，包括黑胡椒、柠檬草、丁香、姜、肉豆蔻、肉豆蔻衣和肉桂。采收时，直径为3~5厘米的长树枝会从底部被切断，新树枝则被完整地保留在树上。每砍下一根树枝，采摘者都要低头双手合十致敬，以向大自然表达谢意。

树的寿命是60~70年，在这期间会持续长出新的树枝，这些树枝需要两三年的时间逐渐成熟。采收期从5月持续到12月，其中5月和6月以及每次降雨后是采收的高峰期，此时树皮在潮湿的空气中变软，更容易从树枝上剥离。清晨，当第一缕阳光透过树叶时，农民们剥去被砍下的树枝上的枝叶，然后把长约2.5米的树枝都聚集捆绑在一起，带回农场或收集点。

接下来就到了剥树皮的环节，这可是一件熟能生巧的活儿。首先将树皮外层无香的部分与珍贵的内层分离。然后将内层小心地剥下，卷成形状独特的肉桂棒，我们在全球料理中都能见到它。剩余的树皮被打成大小各异的碎片，用于研磨或蒸馏。在调味和香精工业中使用三种等级的肉桂，对应到树皮的三个成熟阶段。"Katta 是最常见的，由几毫米厚的树皮制成，香味清新柔和，"努万·德拉热解释道，"Sumbulla 来自稍厚的碎片，具有粉状、甜美的香味。Pathuru 来自大约一厘米厚的树皮，以其更木质、花香的特点脱颖而出。"

产品系列

韦尔热公司的工厂位于瓦拉卡戈达，距离南部高速公路很近，

这是连接肉桂种植区和科伦坡的交通要道，科伦坡是斯里兰卡的首都和经济中心。树皮被送到瓦拉卡戈达进行长达4小时的蒸汽蒸馏，以萃取其珍贵的精油。韦尔热公司拥有1500平方米的加工厂和分析实验室，呈现了肉桂的各种制品，从肉桂叶精油到通过溶剂萃取得到的树脂。其旗舰工艺是创新的无溶剂超临界流体萃取。"从采收到我们所有的萃取技术，整个生产链都是'零废弃'的，"韦尔热公司的首席执行官自豪地说，"从树上砍下的每一根树枝我们都会加以利用。树皮被卷成棒，剩下的部分用于蒸馏或萃取，叶子也不例外。一旦有机物释出了精油，剩下的部分就会回收作为蒸馏锅的燃料。"为了使产品更环保，韦尔热公司还签订了减少工厂能源和水消耗的协议，并不断努力精进。

韦尔热公司对环保的努力也通过韦尔热基金会传递到社会层面。该基金会通过农业和技术培训课程为农民提供支持。它还帮助1300个合作家庭改善清洁用水和教育条件，以提供更好的生活质量，谓之为"培育微笑"。该公司的一些产品已获得了"公平贸易"和"雨林联盟"（Rainforest Alliance）[1]认证。韦尔热公司通过"连接农民"的应用程序向其客户保证了产品完全的透明度和溯源，该应用程序可识别出树皮所来源的田地，并提供有关种植者及其家庭工作条件和生活情况的详细信息。"作为一家立足本地可持续种植原料的精油生产商，我们与农民密不可分：我们对他们和对我们的客户一样负有责任。"努万·德拉热总结道。

---

1 "雨林联盟"总部设在美国纽约，是非营利性的国际非政府环境保护组织。"雨林联盟"认证的产品通常带有一个绿色青蛙的标志，这个标志代表了产品符合该组织的可持续发展标准。这个认证广泛应用于农业产品，如咖啡、茶叶、巧克力和香蕉等，也逐渐扩展到林业和旅游等领域。通过选择"雨林联盟"认证的产品，消费者可以支持可持续农业实践，促进环境保护，并为生产这些产品的社区带来积极的社会经济影响。这个认证旨在帮助消费者做出负责任的选择，同时支持那些致力于可持续发展的农民和企业。

3 款肉桂香水

Cinnamon in 3 fragrances

青春朝露（YOUTH-DEW）
品　牌　雅诗兰黛（Estée Lauder）
调香师　约瑟菲娜·卡塔帕诺
　　　　（Joséphine Catapano）
上市于　1953 年

当法国香水仍然占据行业的统治地位时，"青春朝露"是美国香水界的首个造成轰动的成功之作。康乃馨，作为最具代表性的辛辣味花朵，成为这香气的核心。前调以一抹有皂感的清新柠檬醛开启，迅速被大胆感性的肉桂和丁香味所温暖。广藿香和橡木苔散发出琥珀、酒精和树脂的味道，加强了撩人的丰满印象。

永恒之水（L'EAU）
品　牌　蒂普提克（Diptyque）
调香师　诺贝尔·比雅维（Norbert Bijaoui）
上市于　1968 年

据说这款淡香水的灵感来自一份16 世纪的香囊内容物配方。它以充满活力的辛辣气息开场，肉桂、丁香和姜层层叠加在新鲜的橙子、柠檬和香柠檬皮上。小小的玫瑰花蕾和一把碾碎的天竺葵叶带来明亮的触感，并赋予了相当持久的留香：干燥的花朵和香料都永不会枯萎。

自我（ÉGOÏSTE）
品　牌　香奈儿（Chanel）
调香师　贾克·波巨（Jacques Polge）
上市于　1990 年

芳香的香料味道让人联想到芫荽，带有木质、辛辣的味道。岩兰草和檀香被肉桂和丁香的味道所覆盖，与玫瑰结合在一起，勾起辛辣的康乃馨气息。糖渍李子和杏子的深色果香为从香料到没药、香草和零陵香豆的香草调搭建起一道桥梁。考虑到这款香水的第一版诞生于 1926 年，这可是一个复杂到令人惊叹的现代结构。

Cardamom

小豆蔻

Cardamom

奇华顿

　　自 2018 年以来，奇华顿一直在印度致力于开发创新原材料系列。该公司已与喀拉拉邦全球领先的香料萃取物生产商达成合作，联合开发其天然产品的良性供应链。

　　"如果在格拉斯，我们就只会看到干燥的植物。而在印度就意味着有新鲜的植物可以使用。但我们得找到合适的工业合作伙伴才能办到。"奇华顿自然成分创新总监法比安·迪朗（Fabien Durand）说道。2018 年，该集团与馨赛德（Synthite）[1] 签署了一项合作协议，馨赛德是印度领先的调味料和香料行业的原料供应商，擅长使用先进设备处理大体量的植物材料。该合作项目大大缩短了奇华顿对原材料尤其是香料的研发周期。

　　奇华顿的座右铭是"与对的合作伙伴生产对的产品"。负责管理公司天然产品业务的瓦莱丽·德·拉·佩夏迪埃尔（Valérie de la Peschardière）表示，对的成分至关重要。"我们的目标是生产出环保的原料，它得具有强大的香味印记，同时尽可能少地影响生态。最终的产品必须反映出这种进步。"奇华顿只会生产在各方面都无可挑

---

1 馨赛德是一家印度公司，成立于 1972 年，以生产和供应高品质的香料油、萃取物和香精而闻名，是全球领先的天然产品萃取公司之一。

身份证 IDENTITY SHEET

拉丁学名
Elettaria cardamomum

常用名
Cardamom

科属
姜科

采收期
1 月 / 2 月 /
3 月 / 12 月

萃取方式
传统蒸馏
闪蒸
超临界二氧化碳萃取

萃取时间
20 分钟~
20 小时

香气特征
辛辣，木质，樟脑味的，
绿叶调，茴香味的，
醛味的

词源
"Cardamom"一词来源于拉丁语的"*cardamomum*"，而这又来自希腊语的"*kardámômon*"，这是一个复合词，结合了"*kardamon*"（即"水芹"）和"*amômon*"，后者是姜科植物中的一种香料植物。

历史
小豆蔻是一种小型多年生植物，野生于喀拉拉邦的热带森林中。18 世纪开始由瑞典东印度公司进行贸易，并在 19 世纪开始进行作物栽培。小豆蔻采收于西高止山脉*，并出口到波斯湾、中国和日本，或者在港口拍卖给富有的阿拉伯商人。在印度，小豆蔻用来做咖喱、热香料混合粉以及许多咸甜口味的小吃。

小豆蔻每千克售价 150 ~ 250 欧元，是单位重量价格第三高的香料。排在它前面的是藏红花和香草。

产地
危地马拉、印度、
斯里兰卡

主要化合物
桉树脑
Eucalyptol

萜品烯 – 4 – 醇
Terpinen-4-ol

芳樟醇
Linalool

乙酸松油酯
Terpinyl acetate

**在印度种植
小豆蔻的
土地面积有**
11 500
公顷

**大约占
印度国内
香料种植
总面积的**
3%

产出率

| 30 千克种子 | ▸ | 1 千克精油 | | 20 千克种子 | ▸ | 1 千克二氧化碳萃取物 |

剔的美容产品。"新冠疫情期间，客户对有益于健康和环境的产品需求增加了，"她补充道，"这一信念得到了支持，即自然是不会伤害我们的，对地球有益的东西也对我们有益，反之亦然。"

奇华顿与馨赛德的合作具有重大的战略意义：融合美食的流行推动了全球香料的需求——小豆蔻、姜、姜黄、肉桂。这些产品不仅在调味料行业中需求旺盛，在高端香水业中也很受欢迎，"其香气趋势常常建立在味觉记忆之上"，瓦莱丽·德·拉·佩夏迪埃尔指出。2019年，一半的中性香水具有香料调或在其香味结构中使用了香料——这是十年前的两倍。小豆蔻位居榜首，紧随其后的是黑胡椒和肉桂。

整体观

2019年，奇华顿在喀拉拉邦建立了一家原材料加工厂，颇具前瞻性地对其供应链进行了完善，从而利用馨赛德出色的行业能力将业务与种植者更加紧密地联系在一起。"将原料萃取和原料供应结合起来，这反映了我们对自然界的整体观方法论。"法比安·迪朗说道。"保持可持续性的唯一途径，"瓦莱丽·德·拉·佩夏迪埃尔补充道，"是从种植作物到最终成分的生产，都立足于该国当地。"

为此，奇华顿彻底改革了其耕作和加工技术。在种植之前，选择适应当地气候的优质种苗并实施系统化的作物种植方法非常重要。"以葡萄酒为例，"迪朗解释道，"其品质更多地取决于葡萄酒的制作过程，而不是葡萄种植的地块选择，这在产品最终呈现的味

---

* 西高止山脉（Western Ghats）是印度南部的一座山脉，位于德干高原的西部。

道中是至关重要的一步。香料成分也是这个道理。"一旦被采收，小豆蔻需要两周到一个月的时间晾干，然后通过超临界二氧化碳萃取法将整个果实、种子和壳一起进行处理。小豆蔻壳本身没有气味，但其脂肪酸为原料添加了独特的丰富性，在挥发后呈现柔顺的略带可可味的香调。

闪蒸

另一方面，小豆蔻精油仅由干燥后的种子制成。不用急，香料比花朵可硬多了！为什么要去壳？这是为了确保最终出品的香气特性，因为"在加热时，其中的脂肪可能会产生腥味"，法比安·迪朗解释道。与二氧化碳萃取不同，蒸馏需要在高温条件下进行。他和团队开发了一种新技术——闪蒸——用于香料提纯，效果非常理想。小豆蔻种子经过预处理后，蒸馏时间从几个小时缩短到 20 分钟。该过程捕捉了香料完整的新鲜度，创造出一个能反映植物所有香气特征的产品。"我们根据需求来蒸馏小豆蔻，能够实现特定的味型，以满足调香师的个性化需求。"迪朗解释道。该技术比传统蒸馏更节能，且不产生废料。馨赛德将小豆蔻壳收集起来，生产用于调味品市场的油性树脂。这种良性的循环利用体现出奇华顿致力于打造可持续系列产品的决心，通过精耕供应链赢得了调香师和客户对高品质天然成分的青睐。

3 款小豆蔻香水
Cardamom in 3 fragrances

绿茶（EAU PARFUMÉE AU THÉ VERT）
品　牌　宝格丽（Bulgari）
调香师　让 - 克洛德·埃莱纳
　　　　（Jean-Claude Ellena）
上市于　1992 年

　　大吉岭茶的嗅觉诠释，仅使用 20 种左右的成分建构而成。以馥郁的柑橘香气开场，唤起了另一种熟悉的茶香：伯爵茶。它由玫瑰、紫罗兰和橙花的花香，空灵的植物味调以及闪着微光的二氢茉莉酮酸甲酯的气息塑造而成。最后以少量的香料味调收尾——黑胡椒、芫荽和最具辨识度的绿豆蔻，为香氛带来了一丝辛辣的感觉。

一念沉迷（INTOXICATED）
品　牌　凯利安（By Kilian）
调香师　卡利切·贝克尔
　　　　（Calice Becker）
上市于　2014 年

　　这款香水以清新而相当男性化的前调开启，散发出温柔的香草和土耳其咖啡那浓烈的甜蜜可可香气。几近花香的综合味型让人想起橙花、肉桂和肉豆蔻的温暖香料气味，而小豆蔻精油和净油则带来了辛辣、木质的清新感。"一念沉迷"起初让人有些不安，但很快就变得舒适易穿，有种难以名状的迷人。

豆蔻麝香（CARDAMUSC）
品　牌　爱马仕（Hermès）
调香师　克里斯蒂娜·纳热尔
　　　　（Christine Nagel）
上市于　2018 年

　　小豆蔻的自信和芳香、樟脑的气息与一大团充满奶香和木质麝香的慵懒动物气息相结合，犹如一杯奢华的印度香料茶拿铁。爱马仕建议单独使用纯香水油，用其对比鲜明的热度来温暖肌肤，或在其之上叠穿第二层香水，它明媚而肉欲的光环将其包裹。这是一个魅力无穷的组合，给人带来一种解脱和想入非非的承诺。

Virginia cedarwood

Virginia cedarwood 弗吉尼亚雪松

吕什精华公司

　　调香师和芳疗师们着迷于红雪松那强烈干燥的木质香。家族企业吕什精华公司（Lluch Essence）已将弗吉尼亚雪松作为其最重要的天然产品之一。

　　"红雪松非常全能。它用来建房子、制作家具，还可以作为驱虫剂，而且它闻起来香极了！"吕什精华公司的技术总监约恩·米拉勒（Jorge Miralles）对红雪松（在香水业中被称为弗吉尼亚雪松）的多功能性仍然感到惊讶。"即使工作了30年。"他笑着说道。这家公司成立于1950年，总部位于加泰罗尼亚，由同一家族管理，自创立以来一直经营着从世界各地生产商进口的精油和化学品，用于香精和食品行业。吕什精华公司现在每年的营业额达1亿欧元，在60个国家拥有750个客户。今天，该企业由创始人的孙女索菲娅（Sofía）和埃娃·吕什·索尼耶（Eva Lluch Saunier）管理。

　　公司总部位于巴塞罗那港口、机场和自由贸易区附近，占地近2万平方米。为了满足国际客户的需求，公司还在中国和印度设有物流中心，在哥伦比亚和马来西亚设有仓库，并在墨西哥、巴基斯坦、巴西、阿根廷、意大利和美国设有代理商和经销商网络。其产品组合包括来自300个供应商的3000多种原材料，可供香精、化妆品、药房和芳疗行业使用。"我们约有40%的原料是天

身份证 IDENTITY SHEET

拉丁学名
Juniperus virginiana

常用名
Red cedar,
eastern redcedar,
Virginia cedarwood,
Virginian juniper,
eastern juniper,
red juniper,
pencil cedar,
aromatic cedar

科属
柏科

采收期
全年

萃取方式
水蒸气蒸馏

蒸馏时间
长达 2 天

产出率

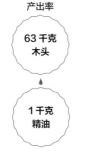

63 千克
木头

1 千克
精油

词源
从拉丁语"*cedrus*"和古希腊语"*kedros*"而来，两者都意为"雪松"。拉丁语中的"*juniperus*"意为"杜松"。

历史
这种针叶树原生于北美洲，喜欢干燥、含钙的土壤。它生长速度缓慢，但可以长到 20~30 米高，并且寿命长达 300 年。17 世纪，雪松被引入欧洲。其红褐色的木材被用作建筑材料，还曾用来制作铅笔。香水业从木工行业回收的木屑和锯末中萃取精油。

香水业使用的其他雪松木包括来自克萨斯州的墨西哥刺柏（*Juniperus mexicana*）、阿特拉斯山脉的大西洋雪松（*Cedrus atlantica*）、喜马拉雅山的喜马拉雅雪松（*Cedrus deodara*）、黎巴嫩的黎巴嫩雪松（*Cedrus libani*）以及阿拉斯加的努特卡柏木（*Cupressus nootkatensis*）。

产地
弗吉尼亚州、北卡罗来纳州

主要化合物
α - 柏木烯
Alpha-cedrene

罗汉柏烯
Thujopsene

β - 柏木烯
Beta-cedrene

雪松醇
Cedrol

香气特征
木质、干燥、树脂味、铅笔屑

全球产量

200
~
300
吨

然的。"约恩·米拉勒指出。这当中就包括红雪松。官方并未披露年产量的数据，但据估计，弗吉尼亚雪松精油的全球年产量约为200～300吨。"用于高级香水和化妆品的是弗吉尼亚雪松。它经过蒸馏获得的精油具有干燥、木质的香味，清新而干净。"米拉勒补充道。得克萨斯和喜马拉雅山的品种的气味特征则没那么精致，带有轻微的焦煳味，主要用于清洁产品。吕什精华公司的供应商是两家最大的美国生产商，它们采伐野生树木的范围从加拿大到美国亚拉巴马州。天然原料采购员胡利娅·佩纳多（Julia Peinado）与供应商长期保持联系。供应商采伐后在森林里现场蒸馏精油。与其他木材的精油（比如檀香木）不同，这种精油不是从树木最贵重的部分蒸馏而来，而是直接从砍伐现场收集的木屑和锯末中萃取。

每一批美国精油到达西班牙后，都会在吕什精华公司的品控负责人埃纳尔·桑切斯（Henar Sanchez）及其团队的监督下进行实验室测试，以确保符合 ISO 标准。归根结底，一切都取决于气味。"对于弗吉尼亚雪松的品质来说，有一批产品从化学分析的标准来说是可以通过的，但在气味方面则不符合要求。只要有一丝木头烧焦的气味，它就被淘汰了，"约恩·米拉勒解释道，"在两次采收之间可能会发生微小的变化。这就是天然原料的魅力所在！"

吕什精华公司的目标是产出更多的天然原料，把当前 40% 的占比再提高一些。这是其可持续发展战略的重要支柱之一，其他的还包括减少航空旅行、减少参加国际贸易展览会、减少公司用车。自 2019 年以来，该企业一直在努力减少碳足迹，公司员工甚至可以用低廉的价格购买吕什精华公司总部生产的太阳能电力。为了与联合国 2030 年可持续发展目标中指定的指标保持一致，公司致力于使其总部达到碳中和。该公司正在"播种"，这"播种"带有现实与隐喻两层含义："圣诞节我们不再向业务伙伴赠送巧克力，而是给他们送树！我们使用的是 Treedom[1]，一个由当地农民参与的大型重新造林项目。"如今，吕什精华公司的"全球森林"在全球范围内拥有一千多棵树。

---

1 Treedom 是一个意大利远程种树和树木在线管理网络平台，专注于为用户提供可持续的林业项目。该项目的核心理念是通过树木种植和护理来实现环境保护、社会发展和气候变化应对。用户可以通过购买树木并支持种植项目来参与环境保护和气候行动，种植地点遍布世界各地。

* 爱幽香是一个高端的香水品牌，由苏菲·布鲁诺（Sophie Bruneau）创立，以其香基系列而闻名。

3 款弗吉尼亚雪松香水
Cedarwood in 3 fragrances

林之妩媚（FÉMINITÉ DU BOIS）

品　牌	芦丹氏（Serge Lutens）
调香师	克里斯托弗·谢尔德雷克（Christopher Sheldrake）, P. 鲍登（P. Bourdon）
上市于	1992 年

雪松是这款女士木质调香水的支柱。它为紫罗兰、玫瑰和橙花的花香调提供了支撑，周围环绕着水果的气息——桃子、橙子和甜如糖果的李子，并散发着温暖的肉桂、小豆蔻和丁香的光芒。木头的干燥感渐渐软化成一种温暖而柔和的香调。尾调逐渐展现出更加柔和的蜂蜜、蜡和麝香的味道。

茉莉雪松（CÈDRE SAMBAC）

品　牌	爱马仕（Hermès）
调香师	克里斯蒂娜·纳热尔（Christine Nagel）
上市于	2018 年

这款香水以丰沛的茉莉花香开启，带着丰富的植物曲线。它几乎有一种油脂的质感，带有一丝樟脑味。接着是木质的香调，其干燥和结实的风味将我们从茉莉花环中带向黎巴嫩的大雪松林中。这个惊人的调和香调根植于柔和的檀香木中，为作品整体带来了厚重和温暖；矛盾的花香，干燥、圆润的香调在皮肤上表现出了卓越的持久留香。

雪松鸢尾（CÈDRE-IRIS）

品　牌	爱幽香（Affinessence）*
调香师	尼古拉斯·博纳维尔（Nicolas Bonneville）
上市于	2015 年

在这个具有两面性的作品中，鸢尾的粉状、精致的细微差异与三种坚实的雪松——摩洛哥阿特拉斯、得克萨斯和弗吉尼亚——形成了对比。弗吉尼亚雪松给香氛带来了一种干燥、木质的特质，像是新鲜的铅笔屑，被其他两个品种的树脂、烟熏、皮革和香料味笼罩着。鸢尾保持着空灵的余味，被香草和香脂的光环所包裹，而木质的气息则隐藏在没药和乳香中，营造出一种浓郁而柔和的氛围。

Cistus Labdanum

岩蔷薇 劳丹脂

Cistus Labdanum

阿尔贝·维埃耶公司
（奇华顿集团）

30 年来，阿尔贝·维埃耶公司一直在西班牙的安达卢西亚地区生产制作劳丹脂。这一传统与过去由游牧山羊采收的时代有所不同。得益于代代相传的劳丹脂相关专业知识，这一行业也有助于振兴地区经济。

在阿尔马登德拉普拉塔（Almadén de la Plata）[1]，岩蔷薇田延伸在 8000 公顷的起伏不平的安达卢西亚丘陵地带，四周环绕着薰衣草和迷迭香。阿尔贝·维埃耶公司（自 2019 年起成为奇华顿集团的一部分）的岩蔷薇/劳丹脂加工设施位于塞维利亚省的北部山脉自然公园（Sierra Norte Nature Park），就在村子外面。"设在自然公园里不仅是个象征性的举动而已：几代人与岩兰草植物之间存在着联系——这是当地的文化，"阿尔贝·维埃耶公司生产中心运营总监多米尼克·伊塔里亚诺（Dominique Italiano）解释道，"通常，他们就是从自己的祖父那儿知道岩蔷薇的。我们在这里开设公司之前很长一段时间里，当地人还使用着炉火蒸馏设备。"

岩蔷薇的花期在每年 4 月至 6 月。但香水业感兴趣的并不是

---

1 西班牙安达卢西亚地区的一个小镇。

身份证 IDENTITY SHEET

拉丁学名
Cistus ladaniferus

常用名
Common gum cistus,
labdanum,
brown-eyed rockrose,
gum rockrose

科属
半日花科

采收期

6月/7月/8月/
9月/10月

萃取方式
水蒸气蒸馏
挥发性溶剂萃取

香气特征
树脂、香脂、蜡质感、木质感，略带药味和动物味，隐约让人联想到熏香。岩蔷薇精油比净油更具有明显的萜烯类的气味，而净油则更温暖，皮革味更重。劳丹脂的香气更偏向琥珀，带有烟草、甘草和干果的味道。

词源
岩蔷薇（*Cistus*）一词来自希腊语的"*kistos*"，意为"盒子"或"胶囊"，这是形容它果实的形状。*ladaniferus* 的意思是"产树脂的"。

历史
原产于地中海盆地的岩蔷薇（*Cistus ladaniferus*）有着细长的叶子，整个夏季都覆盖着芬芳的树脂胶。被剪下之后，其枝干可以通过蒸馏获得岩蔷薇精油，或者用溶剂萃取以制成浸膏，然后再制成岩蔷薇净油。树脂也可以直接通过萃取转化为树脂精油，然后制成"乳香"浸膏。现在，岩蔷薇主要在安达卢西亚地区进行采收和加工，特别是在北部山脉（Sierra Norte）地区。

产地
法国、葡萄牙、阿尔巴尼亚、意大利、西班牙、希腊、摩洛哥

主要化合物
岩蔷薇精油
乙酸龙脑酯
Bornyl acetate

茨烯
camphene

α - 蒎烯
Alpha-pinene

岩蔷薇净油
半日花烷衍生物
Labdane derivatives

劳丹脂净油
劳丹酸双萜烯
Labdanolic diterpenes

劳丹酸及衍生物
Labdanolic acid
and derivatives

岩蔷薇与香草素结合而成的劳丹脂参与缔造了被称为"琥珀"的香调。它与化石树脂无关，后者没有气味，也与龙涎香无关，后者是由抹香鲸分泌的固体蜡质。

产出率

100 千克枝		2 千克劳丹脂净油	或	60 克岩蔷薇精油

它的花朵，而是它那年轻且天然带有黏性的枝条。枝条生长于春季，也就是花期即将结束的时候。随着天气变暖，灌木开始分泌出越来越多的芳香浓烈的树脂，被称为"劳丹脂"，这才是调香师的珍宝。

然而，处理这种野生灌木植物可不简单，因为它的种植颇有难度。它不惧干旱的土壤和炎热的天气。然而在冬季，它既需要潮湿，又不能太湿，否则宝贵的树脂会从枝条上被水分冲走。人们称之为一种"先锋"植物：它占据了土地，比其他物种更加坚韧、持久且具有侵略性。它还是一种火生植物：只要条件适宜，岩蔷薇就易于燃烧，这也促进它的种子在干燥的土壤中传播。

山羊与镰刀

采收者必须等待 3 年才能剪下树枝，并再等 3 年使其重新长成诱人的幼枝。与此同时，种植岩蔷薇的地块会进行轮作，让土壤得到休息。它的种植也有助于维持生态系统并确保了与薰衣草、迷迭香、栓皮栎、松树和桉树共同构成的生物多样性。

考虑到采收得在炎炎烈日下进行，对于种植者来说，这生计可不容易。从前，人们是通过刷山羊的毛来进行采收的，因为山羊在田间溜达的时候，毛发上就浸透了劳丹脂。后来，人们用一种叫作"ladanisterion"的附有皮带的耙抽打植物的枝条来进行采收。机械化的作物采收方法几乎从来没有成功过，无论是割草机还是拖拉机在这种环境中都收效甚微。人们还尝试设计出新工具来提高采收速度。但最终，还是使镰刀的人干得最好。

一捆 25 千克的树枝

从 6 月到 9 月，人们在黎明时分开始采收，只采摘幼嫩的枝条，不能剪得太多，以免灌木无法再生长。这项任务非常艰巨，必须在上午 11 点前完成，因为安达卢西亚的夏季温度可能高达 45 摄氏度。采收者通常每人要肩扛 25 千克的新鲜树枝。一旦他们采收到足够数量的树枝，通常是十几捆，就将其运送到附近的蒸馏设施。该设施位于生长区的中心，在自然公园和村庄的旁边。

原料运抵蒸馏设施后，要尽快就地处理。对胶状物进行处理后，能萃取出树脂和劳丹脂的净油，散发出琥珀和香脂的气味。从幼嫩的枝条中萃取出有木质和熏香气味的岩蔷薇精油。还有些树枝则留在一边晾干，通过挥发性溶剂萃取技术制成浸膏，然后制成树脂和皮革香调的岩蔷薇净油。带有烟熏和甜美气味的 SEV 岩蔷薇净油是从经过蒸馏的浸膏中获得的。

当地劳动力

阿尔贝·维埃耶公司确保劳丹脂

的生产可被追溯到每块土地，以便分析天气和环境因素对植物质量的准确影响。 1991 年，阿尔贝·维埃耶公司收购了一家于 1974 年在当地成立的生产中心，由此继承了家族代代相传的专业知识。岩蔷薇/劳丹脂采收行业振兴了该地区的经济，此地之前相当长的时期都一直饱受农村人口外流之苦。 根据阿尔贝·维埃耶公司采购主管玛丽亚·拉瓦奥（Maria Lavao）的说法，阿尔马登德拉普拉塔的人们以岩蔷薇采集、打猎和栓皮栎为生。 大自然为村民提供了额外的收入，大约有 15 个当地家庭从岩蔷薇加工中受益。 每当需要招收员工时，阿尔贝·维埃耶公司都喜欢在当地招聘。"所有员工都住在村里，"多米尼克·伊塔里亚诺说，"他们自然会照顾环境，因为他们是工厂的邻居。"

---

* 解放橘郡是一个法国香水品牌，由艾蒂安·德·斯沃特（Etienne de Swardt）成立于 2006 年，以其大胆创新的香水和挑战传统的品牌理念而闻名。

3 款岩蔷薇　劳丹脂香水
Cistus Labdanum in 3 fragrances

琥珀君王（AMBRE SULTAN）

品　牌	芦丹氏（Serge Lutens）
调香师	克里斯托弗·谢尔德雷克（Christopher Sheldrake）
上市于	1993 年

在香水界，琥珀香调可以被直接概括为劳丹脂和香草的组合。这款香水给了我们对这种香调最美妙的一种诠释，通过将岩蔷薇与月桂叶和牛至的草本特质相结合，提升了岩蔷薇的芳香特性。典型的地中海香气中融合了没药、安息香和桃金娘，加强了树脂温暖的质感，而广藿香则增添了一抹土地的美好。

冲击太阳（ATTAQUER LE SOLEIL-MARQUIS DE SADE ）

品　牌	解放橘郡（État libre d' Orange）*
调香师	昆汀·比奇（Quentin Bisch）
上市于	2016 年

受臭名昭著的萨德侯爵的黑暗和光辉启发，昆汀·比奇终于在和岩蔷薇旷日持久的焦灼对抗中取得了突破。他让两种矛盾的气味特质相互协作，也就是教堂熏香的效果和动物性的气息。香水的初始印象如同神圣的烟雾升腾，宛如一只闪烁着光芒的香炉。然后，它展现出更加黑暗的一面，带有蜡质和引人着迷的肉欲深处的暗示。欲望与圣洁在这里展开搏斗。

狮子（LE LION）

品　牌	香奈儿（Chanel）
调香师	奥利维耶·波巨（Olivier Polge）
上市于	2021 年

奥利维耶·波巨在这款香水中使用了二次蒸馏的岩蔷薇精油，抚平了粗糙的边缘，给这只狮子带来了一层富有光泽的丝滑外衣。一缕朦胧的柠檬和香柠檬香气萦绕在天鹅绒般金色刺绣的心脏上，散发着奢华和精致。岩蔷薇的树脂质感和动物性特质贯穿其中，交织成琥珀色的线条，从皮革般的粉状香草，柔滑的檀香木和深沉、烟熏的广藿香中间穿行而过。

Lemon

柠檬

Lemon

西蒙娜·加托公司

近一个世纪以来，西蒙娜·加托公司（Simone Gatto）生产的柠檬精油以其卓越的清新气味一直都是公司的标志性产品之一。这家西西里家族企业在保留这一特产的同时，密切关注高级香水行业的发展，将传统与创新结合在一起。

这种气味清新、朝气蓬勃的柠檬精油正是西蒙娜·加托公司的成名之作。多年来，该产品一直采用手工"海绵法"制作，该方法要先去除果皮，再将其压榨以挤出精油。如今，这种"海绵法"已被现代化技术所取代。但这种精油的独特品质仍使其成为这家成立于1926年的西西里家族企业的经典产品之一。许多主流香水品牌都因此成了他家多年的忠实客户。"我们的柠檬被认为是行业内最好的柠檬，"西蒙娜·加托公司创始人的孙子维尔弗雷多·雷莫（Vilfredo Raymo）说，"这是因为它卓越的新鲜感和令人垂涎的活泼的香气，这正是调香师在使用柠檬这一成分时所期待的效果。"它的秘密在于其异常高的柠檬醛含量。这种分子存在于柠檬的果皮中，为香气带来了柠檬的特性。西蒙娜·加托公司能够通过从果园到工厂的专业操作来对柠檬醛的含量进行微调。

传统的"海绵法"如今已经被一种名为"削皮器"（sfumatrice）的机器所替代，能够创造一种忠实呈现果实原产地风貌的产品。但

身份证 IDENTITY SHEET

拉丁学名
Citrus limon

常用名
Lemon

科属
芸香科

采收期

1 月 / 2 月 /
3 月 / 4 月 /
5 月 / 6 月 /
7 月 / 9 月 /
10 月 / 11 月 /
12 月

萃取方式
冷压外皮

产出率

250 千克
柠檬

1 千克
精油

词源
柠檬树的拉丁名为 *Citrus*。*limon* 来自波斯语单词 *līmūn*，是柑橘类水果的统称。单词 "lemon" 在 1400 年才在英语中出现，源自古法语 *limon*，可见柠檬是通过法国进入英格兰的。

历史
柠檬起源于中印之间的某个地区，一般认为是在 10 世纪阿拉伯人入侵地中海盆地期间被引入的，随后在意大利南部和法国都有种植。柠檬皮（或"果皮"）中含有的柠檬油是古龙水中的一种基本成分。

种植的柠檬中大约有
1/3
用于高级香料行业

香气特征
清新、酸涩、果香、有活力、青涩、多汁

产地
美国、西班牙、希腊、土耳其、意大利、中国、阿根廷、乌拉圭

主要化合物
d- 柠檬烯
D-Limonene

β - 蒎烯
Beta-pinene

γ - 松油烯
Gamma-terpinene

柠檬醛
Citral

西西里用于柠檬种植的土地面积多达
25 000
公顷

西西里的柠檬年产量
600 000
吨

每棵柠檬树的果实年产量
200
千克

该公司的成功"秘诀"不止于此。首先,果实所生长的独特地理条件保持不变。西西里是柑橘水果的理想产地:在这个岛上生长的柠檬的柠檬醛含量比其他任何地方的都要高。其次,西蒙娜·加托公司一直使用两个当地品种:扎加拉(Zagara bianca)和费米内罗(Femminello)。最后,水果在发绿的时候(即采收期的初期)就进行采收。这种在冬季即被采收的作物被称为"初花期"(primofiore),闻起来不是水果的味道,而是柠檬皮的味道。那么,他们是如何做到一年到头都能生产柠檬精油的呢?"我们已经开发出可以连续运作的系统来确保产品质量的一致性,"维尔弗雷多·雷莫解释道,"但我们不是通过化学手段来实现的!我们与大自然合作。对于我们的常客,我们可以通过添加其他品种的柠檬精油来补充给他们的供货。这完全是基于我们与客户之间因相互信任而建立起来的良好关系。"这种精油代表了延续百年的传统，是西蒙娜·加托公司众多优质产品中的一件瑰宝，它每年产量约100吨，出口到27个国家。

现代柠檬

西蒙娜·加托公司在遵循传统的同时也一直紧跟行业创新的步伐，开发出其他精油产品。如今，通过分子蒸馏可以获得一种不含呋喃香豆素的"传统"柠檬精油。这意味着它可以更大量地应用于香水配方中，同时保持非常接近原始精油的香味。公司还能够提供其他香型的产品。"近年来，应美国市场的要求，我们通过调整品种和采收期，开发了更具果味的柠檬。"维尔弗雷多·雷莫解释道。当代香水近期的趋势，尤其是淡香水的流行和古龙水的复兴，也为产品创新创造了条件，促使公司生产出保留了水果清新气息的精油。"通过从精油中去除萜烯，我们成功地将其气味特征浓缩了约20倍。这些浓缩的品质对香水的中调有重大影响，而传统的柑橘精油通常是影响到香水的前调。"

百分之百意大利原产

这些现代精油完全适合市场需要，并且"成功得令人难以置信"，维尔弗雷多·雷莫兴高采烈地说。现在，许多加托的客户都要求定制产品，而公司则利用例如分子蒸馏和分馏等萃取和精炼技术与他们共同开发。公司从不添加合成分子。"大自然帮助我们取得了今天的成就。我们的成就归功于此。"雷莫说。这并不意味着他们不采用现代技术，但关键是结果必须可靠。"对我们来说，

最重要的是能够保证给客户提供一致的品质和数量。"因此，西蒙娜·加托公司还生产柑橘、香柠檬、橙子、血橙和葡萄柚精油，但他们决定不生产香橼精油，因为意大利可采收到的香橼数量不足以满足他们生产精油的需求。对于西蒙娜·加托公司来说，百分之百的天然与百分之百的意大利原产同样重要。

---

* 海利是一个由英国设计师詹姆斯·海利创立的香水品牌。该品牌以其独特、优雅而现代的香水闻名，广受国际市场的欢迎。

3 款柠檬香水
Lemon in 3 fragrances

浅蓝（LIGHT BLUE）

品牌	杜嘉班纳（Dolce & Gabbana）
调香师	奥利维耶·克雷斯普（Olivier Cresp）
上市于	2001 年

这款香水完美地体现了意大利无忧无虑的魅力，结构既简单又独特。在柠檬味十足、像酸橙一样的前调之后，它宛如青柠那样多汁，让人联想到一杯柠檬甜酒。有青苹果的味道，洁净得像洗发水。最后，令人惊讶的干燥而有力的雪松和持久的麝香调和在一起，赋予了它独特的、迷人的、最重要的是令人上瘾的个性。

白色魅力男士精粹淡香水（ALLURE HOMME ÉDITION BLANCHE）

品牌	香奈儿（Chanel）
调香师	贾克·波巨（Jacques Polge）
上市于	2008 年

2008 年，香奈儿构想了其男士经典香水的新变体，既清新又性感，令人垂涎三尺。它如同一款自制的柠檬蛋白派一样多汁美味，柠檬的香气被生动地诠释出来。在辛辣和木质的香调交替出现时，柔和而醇厚的香草、香豆素和麝香慢慢扩散，精致优雅、简洁大方。

橘子柠檬的魔法（ORANGES AND LEMONS SAY THE BELLS OF ST. CLEMENT'S）

品牌	海利（Heeley）*
调香师	詹姆斯·海利（James Heeley）
上市于	2010 年

这款香水的灵感源自一首颂扬伦敦塔的童谣，让人联想到经典的古龙水：橙子、柠檬、柑橘和香柠檬组成了一支美丽的柑橘游行队伍，新鲜而热烈。香水的核心展现出橙花、苦橙叶和香柠檬茶调，似乎是在勾勒一幅完整的画。最后，一种温柔而舒适的绿意升腾而起，覆盖在白麝香上，伴随着精致的木质尾调，勾勒出一款相当现代的古龙水。

Copaiba

古巴香脂

Copaiba

凯皮原料公司

巴西企业凯皮原料公司（Kaapi Ingredients）是世界上最大的古巴香脂树精油出口商之一。这种香脂只能从野生树木中萃取，须确保来自珍贵的亚马孙雨林的可持续供应，并保证其采收者的公平工作条件。

古巴香脂树非常高，它们构成了亚马孙雨林的树冠，高达数十米。其树干含有一种树脂，由之制成的精油功效丰富，因其消炎、止痛和愈合的功效被广泛应用于芳疗。调香师则喜爱它的木质气息，不似雪松般干燥，又带有一丝奶油的质感，让人联想到檀香木。古巴香脂树几乎只在南美洲生长。

在全球有记录的 72 个古巴香脂树品种中，有 16 种仅生长在巴西，其中最重要的是古巴香胶树（Copaifera officinalis）。凯皮原料公司专门从巴西产的零陵香豆和粉红胡椒中萃取精油，是最大的精油出口商之一。每年巴西的精油总产量为 350 吨，其中有 30%～40% 来自该公司。

"一种无法种植的树"

"约 15 年前我创办公司时，主打的是欧洲檀香木。"公司创始人爱德华多·马托佐（Eduardo Mattoso）介绍说。但他很快对檀

身份证 IDENTITY SHEET

拉丁学名
Copaifera officinalis

常用名
Copaiba,
copaiba balsam,
copahu balm,
copahu balsam

科属
豆科

采收期

1 月 / 2 月 /
3 月 / 4 月 /
5 月 / 6 月 /
11 月 / 12 月

萃取方式
蒸汽分馏

产出率

2 千克
树脂

1 千克
精油

词源
来自图皮-瓜拉尼语（Tu-pi-Guarani）的 "cupay-ba"，这是产生古巴香脂的树的名字。

历史
很久以前，亚马孙原住民观察到受伤的动物会在古巴香脂树的树干上摩擦，遂开始使用这种香脂，因其具有抗炎和治愈的作用。古巴香脂于 17 世纪被引入欧洲，被称为"包治百病的万用灵药"，并成为治疗性传播疾病的重要疗法。20 世纪抗生素的发现使古巴香脂逐渐从药房中消失。

香气特征
木质、辛辣、树脂味、芳香、烟熏味

产地
巴西

主要化合物
β－石竹烯
Beta-caryophyllene

α－香柠檬烯
Alpha-bergamotene

α－蒎烯
Alpha-copaene

β－红没药烯
Beta-bisabolene

这种巴西柏树属（*Co-paifera genus*）的树木高度在 25～40 米，会分泌一种黏糊糊的油树脂以抵御寄生虫。这种树脂在商业上被称为香脂，由树干中钻取获得。

香木由于过度采伐而濒临灭绝感到担忧，于是转向了古巴香脂树。他称之为"违背统计学的树"。"你无法种植这种树。至少要等60年才能收获树脂！"一些树脂样本可能已经有"300～400年的历史"了，凯皮原料公司的"可持续发展和生物多样性"部门经理安德烈·塔巴内斯（André Tabanez）估计道。"提取方法类似于枫糖浆的制作。我们在树干上钻孔，树脂自然就被提取出来了。"被提取出来的部分树脂，又名香脂，会直接销售给高级香水行业进行蒸馏。大多数芳疗和香水行业的客户更喜欢购买经凯皮原料公司合作伙伴的设备进行蒸汽分馏获得的古巴香脂精油。这些设备距离雨林采摘地约3000千米。坚硬的香膏可以经得起长途运输。令人惊讶的是，只需2千克原始香膏就能产出1千克精油。

为确保树木保持健康，每两三年才会在树上钻一次孔。在这里，森林砍伐是一种持续存在的威胁，人们和环境彼此之间的依赖尤其明显。"市场推动我们提高产量，但同时我们也得照顾好树木和香脂的采收者。"爱德华多·马托佐说。凯皮原料公司只与那些谨慎萃取树脂以利于树木愈合的采收者合作。重要的是不能使树木染上疾病或令白蚁之类的寄生虫侵入。该公司专注于研究生长在各种自然保护区的树木，保护区里还可能发掘出其他类型的自然原料。这些保护区的生态极好，几乎是全球独一份。生活在那儿的人们并不拥有土地，土地属于政府财产。但人们拥有土地的使用权，以换取他们对森林的管理。安德烈·塔巴内斯补充说："有一点很明确——我们拒绝与参与砍伐森林并试图出售伐倒木产出香脂的任何人合作。"

以人为本：建立短供应链

凯皮原料公司信奉以人为本，并密切关注实际岗位的招聘。他们不与中间商合作，后者往往以较低的成本进行采购。他们更愿意与靠近树林的村庄里的采收者定期合作。这些人当中有一部分是当地社区的原住民；还有人则是几十年前为了采收橡胶之类的其他原料而定居在当地的家族的后代。"有超过 4000 个家庭为我们工作。我们对大多数人提供培训，以及他们所需的设备、衣服和靴子，甚至在某些情况下还给他们提供无线网络，这样他们就可以随时讨论最佳工作方案以及香脂的销售价格，"爱德华多·马托佐说，"我们确保公平贸易的方式是无论他们采收到多少量，不管是 10 千克还是 100 千克，我们都以固定价格采购。"他自豪地总结道："古巴香脂的贸易在保护森林和当地居民方面发挥着直接作用。使用该地区的产品不是做做样子，而是切切实实地在保护世界上最大的热带雨林。"

---

*　阿奎斯是一家高端香水品牌，由墨西哥建筑师兼历史学家卡洛斯·胡贝尔（Carlos Huber）创立。品牌以其独特的方式讲述历史故事和捕捉时代精神而闻名，每款香水都试图通过香味重现一个具体的历史时刻或地点。

**　嗅觉映像室是一家结合摄影艺术与香水创造的法国香水品牌。品牌独特之处在于将摄影师的视觉作品与香水调香师的创意相结合，创作出旨在唤醒感官记忆和情感的香水。每款香水都与一幅摄影作品相联系，旨在通过香味捕捉照片的氛围和情感，提供一种新颖的、多感官的体验。

***自然是一家巴西化妆品、香水和个人护理产品制造商，以其对可持续发展和社会责任的承诺而闻名。其产品包括"Natura Ekos"系列，以亚马孙雨林的丰富生物多样性为灵感，使用当地采集的成分制造而成。

3 款古巴香脂香水
Copaiba in 3 fragrances

旅行（NANBAN）

品　牌	阿奎斯（Arquiste）*
调香师	R. 弗洛雷斯 – 鲁（R. Flores-Roux），Y. 瓦尼耶（Y. Vasnier）
上市于	2015 年

这款香水被构想成为一艘日本商船乘风破浪的梦幻之旅。商船装载着来自各个大陆的珍宝。烟熏的古巴香脂味与安息香和皮革的气味融合在一起，让人想起涂满柏油的绳索；而在货舱里，胡椒、藏红花、茶和咖啡的气味飘散在空中，令人垂涎欲滴。没药和乳香的液态树脂萃取出丰富而强烈的印象，宛如海上的波涛拍打着船体。

里约映像（STILL LIFE IN RIO）

品　牌	嗅觉映像室（Olfactive Studio）**
调香师	多拉·巴尔史（Dora Baghriche）
上市于	2016 年

作品的灵感来自一张里约热内卢瓜纳巴拉湾洒满金色阳光的照片。这款香水捕捉了海滨城市早晨的宁静，融合了典型的巴西香气。柚子、柠檬、生姜和薄荷的前调勾勒出一杯在科帕卡巴纳海滩上啜饮的美味莫吉托。一丝异国情调的水果味，结合了杧果和椰子水，再加上一点辣椒，融合顺滑的古巴香脂，再来一丝朗姆酒的芬芳和少许皮革的气味，堪称一场感官的魔幻之旅。

灵魂之森（EKOS ALMA）

品　牌	自然（Natura）***
调香师	V. 卡托（V. Kato），伊夫·卡萨尔（Yves Cassar）
上市于	2019 年

巴西品牌"自然"创造了对亚马孙地区独特的个人洞见，融合了世界上最大的原始雨林中的几个特有物种。泥土与木质的和谐营造出一种黑暗而茂密的植物生命感，混合着草香、花香和青涩的微风，几乎不为人察觉地轻轻掠过。古巴香脂的烟熏味融入了巴西香根油、琥珀树脂、零陵香豆的烟草香调和潮湿土壤的辛辣香气，形成了一种柔滑的气味，带有生机勃勃的动物的温暖，像是活的一样。

Frankincense

乳香

Frankincense

　　乳香，又被称为"黄色金子"，是一种在《圣经》中被提到的极具神秘感的产品，其诞生时间可以追溯到几个世纪前。如今，它需要跨越数千千米的旅程，才能在帕扬·贝特朗公司（Payan Bertrand）[1]的车间里重生、转化。

　　"香"这个词的含义有时颇为模糊，因为它既可以指燃烧的香薰棒，也可以指来自索马里、阿曼、埃塞俄比亚和也门的树脂状乳香。帕扬·贝特朗公司的乳香来自非洲之角[2]索马里兰。对生产的了解和审慎的挑选过程对于获得高质量的产品来说至关重要。

历史悠久的专业传统

　　采集乳香是一项历史悠久的农业活动，代代相传、经久不息。来自不同氏族的游牧牧民在迁徙期间采收这种珍贵的树脂，这一活动会受降雨情况的影响。这种采收过程需要采收者具备一种被称为"榨取"的专业技能，这也是由氏族代代口口相传。通常，树

1　帕扬·贝特朗公司是一家法国的香料公司，总部位于格拉斯。帕扬·贝特朗公司在香料和香水行业有着悠久的历史和良好的声誉，提供各种高质量的天然香料、香精和香水原料，还提供定制香料解决方案和咨询服务，帮助客户实现他们的创意和产品目标。
2　非洲之角（Horn of Africa）又称东北非洲，是东非的一个半岛，也是非洲大陆最东的地区。

乳香　127

身份证 IDENTITY SHEET

拉丁学名
Boswellia carterii

常用名
Frankincense,
olibanum

科属
橄榄科

采收期
5月/6月/
7月/8月

萃取方式
水蒸馏法
真空蒸馏（分解蒸馏）
挥发性溶剂萃取

蒸馏时间
10
小时

产出率
6%
~
8%

全球年产量
400
吨

词源
"Frankincense" 一词来自古法语 "franc encens"，意为 "高质量的香"。encens 这个词本身源自拉丁语 "incensum"，意思是 "被点燃的东西"。另一方面，"olibanum" 这个词来自拉丁语，源自闪族语根 "lā-bān"，意味着 "白色"，指树脂的颜色。

历史
这种芳香性树脂来自一种生长于高海拔的灌木，原产于阿拉伯半岛和非洲之角。自古以来，它就被用于宗教仪式，并在基督教和佛教仪式中使用，以帮助冥想和祈祷。当乳香树（*Boswellia*）的树皮被切开时，它自然流出乳白色的 "泪滴"，这些泪滴接触空气后会硬化，然后可以收集并加工。

香气特征
辛辣、树脂、萜烯、青涩，精油带有略酸的类似橘子的气味，而树脂则具有更多的香脂和矿物质的香气。

产地
沙特阿拉伯、阿曼、也门、埃塞俄比亚、索马里

主要化合物
α - 杜松烯
Alpha-thujene

3- 蒈烯
Delta-3-carene

α - 蒎烯
Alpha-pinene

β - 蒎烯
Beta-pinene

柠檬烯
Limonene

α - 水芹烯
Alpha-phellandrene

2008 年，耶路撒冷大学的研究人员证明了乳香酸酯（在某些乳香类植物的精油中发现的成分）在情绪调节中的作用，认为该成分具有抗焦虑的功能。

脂的采收由部落男性成员负责，而将其分级则是女性的工作。

产乳香的树可以长到 10 米高。风吹过树木生长的干旱地区，给树木带来了弯曲的树干和剥落的树枝。

一丝不苟的采收方式

从割开的树皮中淌出的"珍珠"状树脂的颜色从米色到浅褐色深浅不一。采收于夏季的颜色最浅的树脂最受欢迎，而较深色的则主要在冬季采收。帕扬·贝特朗公司的采购主管安妮－索菲·贝尔斯（Anne-Sophie Beyls）解释说："采收过程必须非常小心，以免破坏树木。我们只能从至少是成年人 2 倍高的树木上进行采收，即树龄 20 岁左右。树木在连续进行 3 次采收后必须至少有一个季节的休耕期。最后，在树上所做的切口数量（4～10 个）至关重要，并且取决于树木的大小：切口应该至少离地面半米，间距为 15～20 厘米。"树木的准备工作通常在 4 月到 5 月间进行，其间会使用一种当地称为"mingaaf"的工具来刮去一小圆片的树皮。2 周后，为期 5 个月的收获期开始。直到 8 月之前，每 2 周都要清理一次树木上的圆形切口，并进行树脂的采收，以便新树脂能顺利流出。这个过程在第 3 次采收时达到高峰。在每个采收周期之间要留出足够长的时间让树脂干燥，这非常重要。在某些地区，采收者每年会进行 2 轮这样的树脂采收。

从工厂追溯到现场

采收后，乳香被铺在垫子上，以避开阳光、动物和湿气的影响。然后根据颗粒大小和颜色进行分类，去掉其中的树皮、灰尘

和其他杂质。这个过程中最大的挑战是物流，因为采收地和生产地相距甚远，且缺乏运输的基础设施。工业生产需要的原料数量意味着需要大量从各种树木、地区和氏族中收集到的树脂。整个行业都十分严谨，以确保始终产出高标准和具有认证来源的产品。

"我特别喜欢
这种原料"

专访 / 弗雷德里克·巴迪

作为一名科班毕业的化学专业人士，弗雷德里克·巴迪（Frédéric Badie）首先加入了曼氏（Mane）[1]公司，接受天然成分配方方面的培训，然后去了夏拉波（Charabot）[2]，从事嗅觉和分析控制工作。之后他成为卡尔肖维公司（CAL Chauvet）的调香师。他目前是帕扬·贝特朗公司的研发总监。

你会如何形容自己和乳香的关系呢？

我特别喜欢这种原料，因为它让我能够展示单一成分的多种使用方式。我经常用它来说明调香师能实现的可能性是何其丰富。

可否描述一下乳香的处理过程？

蒸馏工作从早上 6 点开始。每天会在 5000 升的蒸馏器中蒸馏约 200 千克的树脂，晚上会从蒸馏器中倒出，为第二天的蒸馏做准备。树脂就是这样一桶一桶地进行蒸馏处理，每个月能产出 4 吨树脂，总产量比例在 6% ~ 8%。我们会根据蒸馏产物的气味特征，将它们混合在一起，以保持我们出品品质的一致性。

---

1 曼氏香精香料公司，成立于 1871 年，总部位于格拉斯。
2 夏拉波香水公司，成立于 1842 年，是世界上最古老的香水和香料公司之一，总部位于格拉斯。

一切尚未结束……

接下来，我们来到干蒸馏区域。我们在这里对乳香进行小批量处理；它在一个温度可达到 300 摄氏度的卵形反应器中进行不加水的纯加工。真空蒸馏（也称为破坏性蒸馏）为其香气带来微妙的特征——从香脂到烟熏皮革的香调。接下来，我们进入萃取车间，用己烷或酒精对乳香进行三次洗涤，创造出清澈纯净的净油，或是带有温暖的香脂质感的深棕色乳香树脂。最后，我们在分子蒸馏车间制造出清澈的液体萃取物，整个处理流程就此结束。

你们的特色产品是什么？

油的分馏技术使我们能够获得"乳香之心"，味道更纯净，没有蒎烯和 α－蒴皮素这种松脂的典型气味。最终，"Process e"是一种复杂的配方手段，它将不同的浓缩乳香混合在一起，在新鲜的、香脂的、树脂的香调与皮革和烟熏的香味特征之间创造平衡。

3 款乳香香水

Frankincense in 3 fragrances

冥府之路（PASSAGE D'ENFER）

品　牌	阿蒂仙之香（L'Artisan parfumeur）
调香师	奥利维娅·贾科贝蒂（Olivia Giacobetti）
上市于	1999 年

　　与教堂香不同，这款香水的气味始终轻盈透明，仿佛经过萃取一般。索马里乳香以其干燥清新的香气呈现明暗对比，仅带有一丝安息香和略带樟脑味的雪松，还伴随着一丝绿叶调百合和美丽白麝香的花香调。这是一款纯净、通透的乳香，充满了灵性和神秘。

阿维尼翁（AVIGNON）

品　牌	川久保玲（Comme des garçons）
调香师	贝特朗·迪绍富尔（Bertrand Duchaufour）
上市于	2002 年

　　在"熏香"系列的五款香水中，这一款可谓是进入天主教堂的邀请函。从香炉中升起一股混合树脂的神圣烟雾：干燥上升的乳香香气，没药的苦涩和矿物质的气味，松香和柠檬的辛辣气息。烟熏的雪松、广藿香和橡木苔勾勒出木头和潮湿石头的轮廓，而香草、岩蔷薇和麝香则为你翻开了古老的弥撒经卷。

焚香教堂（CARDINAL）

品　牌	海利（Heeley）
调香师	詹姆斯·海利（James Heeley）
上市于	2006 年

　　前调一开始，粉红胡椒的辛辣锋芒突然迸发，伴随着清透的乳香。没药和岩蔷薇支撑着熏香的温暖气息，而一股意想不到的醛风吹拂在这树脂的香调上，带来了白色亚麻布料的纯净感。这款香水的修道院气息在广藿香和岩蔷薇的木质背景上渐渐淡去，像一件简洁、朴素而优雅的衣服。

Orange blossom

橙花

Orange blossom

法赫里公司

成立于 1955 年的法赫里公司（A. Fakhry & Co.）位于尼罗河三角洲的中心地带，利用苦橙花生产出具有活泼和清新特质的精油、更圆润和浓烈的净油，以及一种独特的苦橙花萃取物，其气味特征与净油相似，但被认证为 100% 有机。

自中世纪以来，地中海沿岸的土地一直为苦橙树提供着阳光和温和的气候。毫不奇怪，这种树已经成为该地区的象征。苦橙花多年前就已作为一种芳香植物被成功种植在南法的格拉斯地区，在 20 世纪初，其种植中心移至突尼斯和摩洛哥，然后转移到埃及。到 21 世纪第二个十年后期，埃及的苦橙花产量已与其他两个国家齐头并进。埃及的苦橙树园位于尼罗河三角洲的核心地带，库图尔镇（Qotour）的附近。这就是艾哈迈德·法赫里（Ahmed Fakhry）于 1955 年在舒布拉·贝卢拉（Shoubra Beloula El-Sakhaweya）创立法赫里公司的地方。从那时起，公司世代相传，专注于对芳香植物进行萃取的技术，共有 150 多种产品，包括橙花、千叶玫瑰、天竺葵和茉莉花。苦橙树经常与茉莉花种植在同一地块上，这种做法被称为"间作"，农民们以此来尽可能提高土地的利用率。在法赫里公司的农场上，种植的植物被制成获认证的有机和生物动力产品。其他芳香植物在其生长的前 6 年可以

身份证 IDENTITY SHEET

拉丁学名
Citrus aurantium ssp. amara

常用名
Bitter orange,
Seville orange,
bigarade orange,
marmalade orange

科属
芸香科

采收期
3月/4月

萃取方式
水蒸气蒸馏（橙花油）
挥发性溶剂萃取
（橙花净油、
橙花纯露净油）

产出率

1吨
花朵

1千克
橙花油

或

1.5千克
净油

产地
法国、突尼斯、摩洛哥、
埃及

词源
来自拉丁语"*citrus*"，意为"香橼"，而"*aurantium*"意为"金色的"。"Bigarade"一词17世纪出现在法语中，源自普罗旺斯语的"*bigarrado*"一词，指一种苦橙。

历史
苦橙树原产自东亚，罗马人将其引入地中海地区。7~11世纪，得益于阿拉伯人和十字军，它的种植更广泛地传播开来。从文艺复兴时期开始，苦橙树的花朵在欧洲王室中变得非常受欢迎，10世纪发展出蒸馏技术后尤甚。这些技术使得花朵中能够萃取出精油（橙花油）和纯露，它们因其香气和药用价值而被使用。

香气特征
橙花油味道是花香的、清新的、绿叶调的和柑橘味的；净油的味道是温暖的、蜂蜜味的、果味的和略带动物香的。

每棵苦橙树每次收成能获得的花朵的重量是

10~15

千克

主要化合物
柠檬烯
Limonene

乙酸芳樟酯
Linalyle acetate

芳樟醇
Linalool

橙花叔醇
Nerolidol

橙花醇乙酸酯
Neryle acetate

N-甲基邻氨基苯甲酸甲酯
Methyl N-methylanthranilate

乙酸香叶酯
Geranyle acetate

吲哚
Indole

据传，1675年的意大利内罗拉公主玛丽-安妮·德·拉·特雷穆瓦耶(Marie-Anne de La Trémoille)用橙花精油喷洒在她的手套上，使这种花朵变得时髦了起来。这种精油也因此被命名为"内罗拉"以纪念她。然而这个词在历史上更早的时候就被使用过，因此可能实际上是与另一位同名但寂寂无名的公主相关的吧。

与苦橙树共享土地。当它们长到第 7 年，树冠几乎能完全笼罩住地面，冬季在树丛之间就能种上矮荨麻了。

是晃树还是手摘？

这是为那些已经达到完全成熟的植株准备的，尽管它们依然要等到 4 年后才开花。这些香味浓郁的小白花冠在 3 月到 4 月间被采收。虽然传统上收获季开始于 3 月 20 日左右，但在过去 20 年里，收获时间已经提前到了月初。收获季的结束由"喀新风"（khamsin）的风力强度所决定。这是一种炎热的沙漠风，它会加快花朵的开放和凋零。采摘工——男女各半——从早上 6 点一直工作到中午。"从 20 世纪 80 年代到 21 世纪第二个十年初，我们采收的方法是晃树：树叶与花混在一起，埃及橙花油由此会获得一种青绿植物的味道，让人联想到苦橙叶，"侯赛因·法赫里（Hussein Fakhry）解释道，"随着需求和生产的增加，手工采摘花朵再次成为常态，这也使我们的精油味道更清新、花香更浓郁。"

为了更容易采摘花朵，树木的高度被修剪到 2.2 米以下。一般由 1～2 人使用脚手架来采摘最高处的花朵。地面铺着棉质帆布，用来收集自然脱落的花蕾和花朵。收获季的早期用于收获花蕾，这些花蕾在开放前提供了最佳的精油产量。已经开放的花朵通常用于萃取浸膏，产出净油。一亩（约 4200 平方米）的苦橙树需要 10 名经验丰富的采摘工，如果是新手则需要 12～13 人，工人们需要花大约两个收获季节来练手和进行培训。然后，采下的花朵被送去给分类工，他们在将篮子送去称重之前把所有不需要的叶子挑出来。

橙花油、净油和苦橙花萃取物

由于法赫里工厂位于田野旁边，花朵分类后在很短的时间内就能开始进行蒸馏和萃取，确保了最高的新鲜度和嗅觉品质。该公司在埃及萃取原材料方面拥有 65 年以上的经验，并不断改进其转化过程，优化环境影响，为调香师提供以苦橙花为原料的三种产品。通过蒸馏或水蒸气蒸馏获得的橙花精油是一种新鲜、带有花香和活泼的油，带有微妙的松节油特征。苦橙花也可以使用己烷萃取浸膏，然后是净油，更浓郁、温暖、甜蜜，留香时间也更长。公司还开发了一种独一无二的苦橙花萃取物。"我们设计了一种认证的有机溶剂复合物。不使用石化溶剂，最终的产物在嗅觉上类似于净油，但根据欧洲规范、美国农业部有机认证（USDA NOP）和有机农业德米特认证标准（Demeter），被认证为 100% 有机。"侯赛因·法赫里自豪地说。强烈的扩散性和明显的花香使苦橙花萃取物与净油区分开来，其特征是具有白兰地的前调和更多动物性的气味。

3 款橙花香水

Orange blossom in 3 fragrances

黑水仙（NARCISSE NOIR）

品　牌	卡朗（Caron）
调香师	埃内斯特·达尔特罗夫（Ernest Daltroff）
上市于	1911 年

这是卡朗最神秘的一款香水，它的误导性名称扭曲了橙花，使之成为一种复杂且野蛮的材料。在苦橙叶和橙花油隐秘的绿色和植物的共振之后，橙花净油的更深色调被揭露：蜡质的、蜜香的，让人想起毛皮和肉体。这白色的花朵几乎令人不安，它躺在皮革和檀香木制成的床上，被麝香的香调所掩盖，散发出动物和肥皂的味道。

橙花记忆（FLEURS D' ORANGER）

品　牌	芦丹氏（Serge Lutens）
调香师	克里斯托弗·谢尔德雷克（Christopher Sheldrake）
上市于	2003 年

第一次去摩洛哥时，芦丹氏先生就记住了橙花采收者们用洁白的大床单收集采下花朵的画面，这后来激发了他创作的灵感。从柑橘和多汁的光环中绽放出来的白色，伴随着绿叶调、动物性的茉莉和令人陶醉的带有樟脑气息的丰满晚香玉味道。这束香味复杂的花束，被麝香轻轻笼罩，再撒上蜂蜜和孜然，让人想起阳光下温暖的皮肤。

橙花（FLEUR D' ORANGER）

品　牌	花宫娜（Fragonard）
调香师	达尼埃拉·安德利亚（Daniela Andrier）
上市于	2005 年

这款橙花香水是少数能够以较低成本提供充沛愉悦感的作品之一。它首先具有苦橙叶的明亮绿色和光泽，然后点缀以少许香柠檬，赋予它一种古龙水的气息。一滴蜂蜜带来了温暖的圆润感，覆盖在橙花油上，然后其花瓣在一大团白色、棉质和粉状的麝香中飘散开来。这是天真、甜美和纯净之间的理想大和谐。

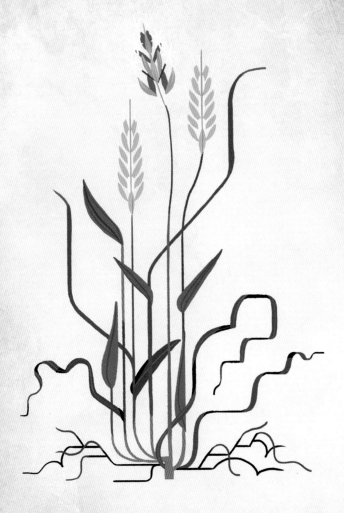

Sweet vernal grass

甜香草

Sweet vernal grass

帕扬·贝特朗公司

这种精致的多年生草本植物生长在俯瞰格拉斯的山丘上，是帕扬·贝特朗公司最美丽的象征之一。这群天然原料专家将从种植到生产的专业经验传承了三代，并在此基础上开创了一种全新的萃取植物精华的流程。

甜香草，或称为黄花草（flouve），无疑是调香师调香盘中最不为人熟知的香气之一。"当我们向人们解释要如何蒸馏干草时，他们都会惊讶地睁大眼睛，"格拉斯帕扬·贝特朗公司的研发总监弗雷德里克·巴迪咯咯笑道，"这让他们措手不及：怎么可能从一捆捆干草中萃取出用于香料的精华呢？连亲爱的格雷诺耶（帕特里克·聚斯金德小说《香水》的主人公）也做不到！"然而，这正是这家成立于1854年的家族企业几十年来一直在做的事。公司的化学家路易·拉博姆（Louis Labaume）在1935年到1946年间开发了一种全新的萃取甜香草精华的方法。这种方法长期以来一直秘而不宣，现在已成为行业标准，将这种多年生草本植物转化为一种复杂的精华。它的味型综合了草、无花果、甘草和藏红花，广受调香师和调味师的欢迎。

身份证 IDENTITY SHEET

拉丁学名
Anthoxanthum odoratum

常用名
Sweet vernal grass, flouve

科属
禾本科

采收期

6月/7月

萃取方式
以水蒸气蒸馏法萃取精油；
以挥发性溶剂萃取法萃取净油

产出率

1吨甜香草 ▸ 200克精油

1吨甜香草 ▸ 6千克浸膏 ▸ 4千克净油

词源
"*vernal*"一词是拉丁语，意为"春季"。植物的拉丁学名"*Anthoxanthum*"来源于古希腊语"*anthos*"，意为"花"，"*xanthos*"则表示"黄色"。

历史
甜香草原产于欧洲、亚洲和北非的温带地区，现在已遍布全球各地。它被广泛用作牲畜的饲料，在草地上野蛮疯长，能迅速适应不同大陆的环境。在北美、南美和澳大利亚，它有时被视为入侵物种。

香气特征
精油具有青草、无花果、稻草、甘草、茶、马黛茶、藏红花香调，而净油香调是蜂蜜、杏仁、零陵香豆、金色烟草、利口酒、可可豆。

主要化合物
香豆素
Coumarin
▾
亚麻酸
Linolenic acid
▾
叶绿醇
Phytol
▾
棕榈酸
Palmitic acid
▾
角鲨烯
Squalene
▾
亚油酸
Linoleic acid

野牛草（*Anthoxanthum nitens*）是甜香草的近亲，用于调味**野牛草伏特加**（Zubrowka vodka）。

保持纪录的精油

　　干草虽然不重，却很占地方，处理起来需要大规模的设备。帕扬·贝特朗公司的设备有两个 5000 升蒸馏器，可以通过水蒸气蒸馏处理 250 千克的干草，每次只产生 50 克的馏出物，滴滴贵过黄金。帕扬·贝特朗公司由此提出一个重大创新："液液萃取"不会对精油造成损失。原始精油是一种"需要精心处理后才能使用的黏稠的深色物质"，弗雷德里克·巴迪解释道。它需要使用溶剂进行过滤，这种溶剂能够将其净化并稀释为均匀且稳定的液体香精。它的萃取产出率低至罕见的 0.02%，是种价格相对昂贵的原料。实际上，甜香草在帕扬·贝特朗公司拥有多项纪录：它的加工量最大，每年达到 70 ~ 100 吨，而且其精油是整个产品线里最有威力的。"在一切既有的配方中，即使是加入最微小比例的甜香草，也会产生巨大的影响。"弗雷德里克·巴迪补充说。这解释了这种精油为何如此成功。帕扬·贝特朗公司现在将精油出口到 60 多个国家，还有从同类干草中通过挥发性溶剂萃取得到的"干草萃取物"，其产量是精油的 20 多倍。"这种萃取物具有令人垂涎的圆润、杏仁般的味道，能够巧妙地引发出零陵香豆和金色烟草的香豆素。其甘草、蜂蜜和可可豆的味道赋予了它丰富而平滑的基调，并使其层次更加丰富饱满。"马里－欧仁妮·布热（Marie-Eugénie Bouge），帕扬·贝特朗公司的创作和传媒总监描述道。

独特的气味大和谐

尽管帕扬·贝特朗公司的甜香草精油在很大程度上得益于其独特的蒸馏过程，但实际上，成功的第一步从种植就开始了。该公司使用的干草就是当地草原自然生长的野草，而非为了饲养动物而特别播种的草。自 2015 年以来，公司即因其与植物物种遗产的工作而受到认可。在俯瞰格拉斯的山丘上，草地里的甜香草与其他大约 20 种草本和豆科植物一起生长，达成了变幻莫测的微妙平衡。这种独特的生物多样性直接影响了从干草中萃取的精油的嗅觉特性。"我们用的干草来自同样的草地、同样的农耕家庭，跨越了三代，长达 70 年，"采购主管安妮－索菲·贝尔斯解释说，"这使我们能够在嗅觉特征方面保证连续性。"植物的花期从 3 月到 7 月，因种类而不同。采收总是遵循相同的模式，先用镰刀割草，然后将草在地上晾干。第二天将草垛翻转以晾干下层，以防长霉。然后，将草摆成长条，当地称为"andins"，收割机会将这些长条收集打捆。草捆被运到帕扬·贝特朗公司工厂，厂子里一年到头都在处理这些草。"自 1950 年以来，每一天我们都在往蒸馏器里倒干草。"弗雷德里克·巴迪笑着说。以上就是每年生产约 200 千克香精所需的工作。最终的收获是一种散发着美妙干草香气的珍贵宝藏。

---

* 玫默是一个法国高端香水品牌，由克拉拉·莫洛伊（Clara Molloy）和约翰·莫洛伊（John Molloy）于 2007 年创立。它以旅行和探险为主题，旨在通过其香气捕捉和传达来自世界各地的特色和故事。

** 帝国之香是一个高端香水品牌，由调香师马克－安托万·科尔蒂夏托创立。品牌以体现历史上不同文明和帝国的香氛为特色，通过使用精选的原料和独特的配方来捕捉各个时代和地区的精髓。

3 款甜香草香水
Sweet vernal grass in 3 fragrances

爱尔兰旅行者（IRISH LEATHER）

品　牌	玫默（Memo）*
调香师	埃莉诺·马斯内 （Aliénor Massenet）
上市于	2013 年

　　这款香水让人联想到在爱尔兰荒野上狂奔的感觉。它以一阵野生草本的芳香开场，树脂感十足的辛辣杜松果、马黛茶的烟草面和甜小麦草中的干草气息，共同营造出一种温暖而繁茂的感觉，就像一阵带着自由味道的狂风。纯种马鞍上的柔软皮革，被包裹在一层天鹅绒般柔软、带有麝香味的鸢尾花之中，像是马鼻子的触感，周围环绕着一圈烟熏、蜡质的光环，激起了一波琥珀和零陵香豆的涟漪。

禁忌烟草（TABAC TABOU）

品　牌	帝国之香（Parfum d'Empire）**
调香师	马克 - 安托万·科尔蒂夏托 （Marc-Antoine Corticchiato）
上市于	2015 年

　　这款香水以其独特的方式诠释了烟草的各种面貌，使用甜香草捕捉其圆润且略带油性的干草和蜂蜜般的香味。与此同时，菩提花和含羞草体现了烟草的干燥和花香型的柔和，而永生花和水仙给这个混合物增添了一点绿叶调、一点皮革甚至是动物的味道。这是一款精湛的香水，展现出创作者对气味复杂性的了如指掌。

绿野奇境（HERBAE）

品　牌	欧舒丹（L'OCCITANE）
调香师	纳杰耶·勒·加兰特泽克（Nadège Le Garlantezec），夏玛拉·迈 松迪厄（Shyamala Maisondieu）
上市于	2019 年

　　这款受野草自由奔放的灵感所启发的作品，自然少不了甜香草的一席之地。核心的调和香调是一种绿叶调且清新的玫瑰香，带有植物的气息，呈现黑加仑和覆盆子的果味。甜香草在尾调中是一个害羞而低调的存在，它的干燥质地和干草的气息与主导整个香调的洁净平滑的白麝香形成了平衡。

Guaiacwood

愈
创
木

Guaiacwood

奈利西亚公司

愈创木，亦称为圣木（palo santo），生长于巴拉圭干燥的亚热带森林中。奈利西亚公司（Nelixia）致力于保护当地生物多样性和社区稳定，实施了一项负责且可持续的森林管理计划，以确保供应这一受保护的天然原料。

大查科（Gran Chaco），曾因其植被的密度而被称为"密不可入的森林"，它与亚马孙一样，是南美洲最后的原始森林。这片对人类来说并不宜居的森林拥有惊人的生物多样性：美洲豹、美洲狮与巨型食蚁兽、美洲鸵、犰狳和其他动物居民们共同生活。就在这片多刺而干燥的森林腹地里，愈创木茁壮成长着。

紧密相连的生态系统

愈创木并不是人工种植的，而是在野外成片生长，植被沿着黏土土壤的盐脉分布。它的根系与其他树木相连，从土地中不断再生。一棵成熟的愈创木可高达 10 ~ 15 米，百岁的愈创木树干直径可达 45 厘米。这种树有着绿棕色的树干、特有的蝴蝶形叶子和白色的五瓣花朵，花期在 4 月到 5 月间。

当其树干直径达到 35 厘米时，它就成熟到了可以被砍伐的时候。长到这个大小大约需要 80 年，但如果森林管理得当并且光

身份证 IDENTITY SHEET

拉丁学名
Bulnesia sarmientoi

常用名
Guaiacwood,
palo santo,
Paraguay lignum vitae

科属
蒺藜科

采收期

2 月 / 3 月 /
4 月 / 5 月 /
6 月 / 7 月 /
8 月 / 9 月 /
10 月 / 11 月

萃取方式
水蒸气蒸馏

蒸馏时间
24
小时

产地
巴拉圭、
阿根廷

词源
来自西班牙语"guaya-cán"。

历史
这种树原产于南美洲的森林，在 1932 年至 1935 年巴拉圭与玻利维亚的查科战争期间，因其坚韧性而被用于建造战壕。随着 1927 年门诺派的到来，这种木材被用于装饰和工业用途。然后，在 20 世纪 70 年代，定居者开始萃取其精油。愈创木的萃取物以软膏的形式被用于治疗风湿病和瘀伤。

香水中使用的愈创木不应与被称为"圣木"的另一种植物秘鲁香木（*Bursera graveolens*）混淆，后者产自秘鲁和厄瓜多尔，常用于萨满祭祀仪式中。

香气特征
木质、辛辣、温暖、烟熏、皮革、奶油、咸味

主要化合物
愈创醇
Guaiol

亚麻醇
Bulnesol

每年产量
7500
吨

其中有
5000
吨用于制香

2500
吨用于其他行业
（比如地板业等）

每年产出
180
吨精油

产出率

25~30 千克愈创木刨花	1 千克精油

照充足，树可以长得更快。砍伐是一个精细的工作，因为不能触碰到根部。"非常重要的是，树干需要从距离地面 20 厘米的地方切断，这样植物才有机会再生。"奈利西亚公司的首席执行官埃莉萨·阿拉贡（Elisa Aragon）说。

物流的主要挑战

愈创木以其强度和润滑性而闻名，用于制造船舶螺旋桨的轴承和轮毂。它的密度很高，超过 1200kg/m³，是为数不多的能沉入水中的木材之一。由于这种密度，将其运输到蒸馏厂对物流是个挑战。愈创木被切成 1 米长的原木，每根重达 200 ~ 300 千克。卡车上装载着 30 吨的原木，将其运往蒸馏装置。作为一种防腐木材，它可以储存几年而其嗅觉特性并不会恶化。然后把原木切片，在压力下进行水蒸气蒸馏大约 24 小时。

这种精油的特点是，当调香师想对其进行加工时，必须保持温暖：原油在室温下会结晶和固化。圣木那奶油般的、木质的、略带烟熏和咸味的香气特别受到欢迎，因其坚韧性，能在木质、东方和琥珀的香氛中将香水的中调和尾调结合得很好。

受保护物种

大查科森林可不缺树木，那里有超过 40 亿棵树，但巴拉圭土地用途的变化对这些树也产生了影响。该国允许将原始森林土地转变为牧场，由此改变了 500 万公顷树木的状况。自 2011 年以来，《濒危野生动植物种国际贸易公约》一直在密切关注此事，并通过制定新的、环境友好的采伐方案来调节木材制成品的出口。

这些新的方案要求土地所有者将25%的土地变成保护区。"我们想追求更长久的发展！因此，我们建议他们把他们的森林托管给我们，以换取收入，同时对土地用途的改变和砍伐树木进行限制。"埃莉萨·阿拉贡解释道。过去两年中，该公司一直在实施创新的森林管理计划，以从根本上重新思考这种珍贵成分的供应。这些计划的制订历经20年，经由国家林业研究所（INFONA）验证，被授权允许在负责任的情况下采收少量的愈创木——每公顷可采收大约6棵树。该地区被划分为20个地块，每个地块可采收20年，在过程中须进行仔细监测。根据分析，足够成熟可供砍伐的树木将被做上标记，并报告给林业研究所以获得批准采收。当20年后再次对该地块进行采收时，森林已经获得了重生的时间。

工作方法也涉及物流：树干必须被手工采收，卡车必须在主干道以外的道路上来回行驶，以免损害生态系统。奈利西亚公司还在努力建立一个国际认证系统，以保证资源的完全可追溯性。最后，从更社会化的角度来看，蒸馏设备位于由巴拉圭基金会（Fundación Paraguaya）创建的学校附近，在那里培养未来的农村企业家。公司的学徒自然也从那里招募。"《濒危野生动植物种国际贸易公约》对这个行业一直都很积极关注，"奈利西亚公司的联合创始人让－马里·迈齐尔（Jean-Marie Maizener）解释道，"对品牌来说，知道可以持续地获得愈创木精油是非常令人安心的。"

---

* 夜游人是一个法国香水品牌，其香水受到世界各地文化和风景的启发，旨在通过独特的香气组合来传达不同地点的故事和情感。

3 款愈创木香水
Guaiacwood in 3 fragrances

丛林男士香水
（KENZO JUNGLE HOMME）

品　牌	高田贤三（Kenzo）
调香师	奥利维耶·克雷斯普（Olivier Cresp）
上市于	1998 年

　　在 1996 年推出的女性香水"丛林"的男性对应香中，高田贤三带我们进入了一个色彩缤纷、生机勃勃的香料市场。肉桂、肉豆蔻和小豆蔻在闪闪发光的柑橘类水果——酸橙、柠檬和香柠檬的陪伴下旋转。接着，干香柏和熏制的愈创木精心雕刻的木质核心显现出来，外层包裹着檀香木和安息香脂的涂层，它们的焦糖和琥珀气息温暖了整个氛围。

神圣光环（SANTO INCIENSO）

品　牌	非凡制造（The Different Company）
调香师	亚历山德拉·莫内（Alexandra Monet）
上市于	2017 年

　　香水中的愈创木唤起了萨满使用的圣木。香柠檬和苦橙叶首先闪耀登场，很快，由肉豆蔻主导的辛辣香调加入其中。但不久，这块圣木的烟熏灵魂浮现了出来，周围环绕着没药和树脂香。随后，它演变为雪松和香根草的干燥香调，像一支树木的合唱团一样发出共鸣，经典而深沉的尾调宛如余音环绕。

波希米亚狂想曲（BOHEMIAN SOUL）

品　牌	夜游人（Une Nuit nomade）*
调香师	安尼克·莫纳多（Annick Menardo）
上市于	2018 年

　　受到 1966 年纪录片《无尽之夏》中自由波希米亚精神的启发，这款芳香东方调的香水营造了一个遥远夏天那无忧无虑的氛围。苦艾酒洒下它的草本和辛辣香味，轻微烟熏的树脂般的愈创木环绕在乳香和没药的神秘温暖之中。檀香木和鸢尾花以它们奶油般的圆润，还有细腻的粉状麝香，一同延续了这个夏日梦想。

Rose geranium

玫瑰天竺葵

Rose geranium

哈希姆兄弟公司

玫瑰天竺葵在 20 世纪后半叶首次被引入埃及，如今主要在小型传统种植园中种植。1974 年起在尼罗河三角洲经营的哈希姆兄弟公司（Hashem Brothers）正在努力实现其产业现代化，并加强打造可持续发展的供应链。

虽然大部分人在窗台上种天竺葵都是为了那鲜艳的花朵，但种植玫瑰天竺葵的真正原因却是它的叶子。这些叶子能萃取出带有玫瑰、柠檬和薄荷香调的精油，以及极少量带有花香和具有镇定作用的净油。埃及是世界上最大的玫瑰天竺葵精油生产国：该国每年出口的 170 吨玫瑰天竺葵精油中，有超过三分之一来自哈希姆兄弟公司的工厂。该公司是埃及香水行业原料的主要供应商之一，也种植茉莉、苦橙、罗勒等其他香料植物。在其处理的玫瑰天竺葵作物中，近 85% 来自仍然占据埃及农业主导地位的小型传统种植园。这些种植园主要集中在开罗南部 150 千米处的贝尼苏韦夫和法尤姆地区。作物在地中海气候和尼罗河沿岸的肥沃土壤中苗壮成长。玫瑰天竺葵幼苗在 10 月中旬到 11 月末之间根据天气和田间空间进行种植：农民通过在最多 1 "费丹"[1]（约 0.42 公顷）的

---

1 "费丹"（feddan），埃及面积单位。

身份证 IDENTITY SHEET

拉丁学名
Pelargonium x
hybridum 'Rosat'

常用名
Rose geranium,
rose-scented
geranium,
geranium rosat,
rose-scented
pelargonium

科属
牻牛儿苗科

采收期
6月/7月

萃取方式
水蒸气蒸馏
挥发性溶剂萃取

**采收一公顷的
玫瑰天竺葵需要**
14
小时

产出率
35~
50吨
叶子

30~
50千克
精油

词源
Pelargonium（天竺葵）
一词来源于希腊语 pelar-
gos，意为"鹳"，指其
果实的形状类似鹳的喙。
geranium（老鹳草）来
自希腊语 geranos，意
为"鹳"，同样是指其果
实的形状。rosat 源自拉
丁语 rosatus，意味着
"与玫瑰有关"。

历史
玫瑰天竺葵原产于南
非，18世纪被植物学
家发现。其精油与大
马士革玫瑰相似，但价
格更加实惠，因此，在
19世纪成了一种经济
作物，最初在格拉斯周
围种植，然后是阿尔及
利亚和留尼汪岛。到了
20世纪70年代，种植
业转移到了埃及。埃及
现在是香水和化妆品行
业的主要供应商。

香气特征
精油具有玫瑰香、薄荷
香、柠檬香、果香和粉状
香。而净油则有更多的花
朵、香膏和烟草的气息。

主要化合物
香叶醇
Geraniol

香茅醇
Citronellol

甲酸香茅酯
Citronellyl formate

甲酸香叶酯
Geranyl formate

异薄荷酮
Isomenthone

表桉叶油醇
10-gamma-epi-
eudesmol

6，9-二烯
6,9-guaiadiene

天竺葵与薰衣草、香柠檬、
香豆素和橡木苔一起作为
基础香气构成馥奇复合
香型（fougère）。这种
香型首次被开发出来是在
1882年用于霍比格恩特*
的"皇家馥奇"（Fougère
royale），如今已成为男
性香水中的绝对主流。

产地
中国、
埃及、
印度

**一枝成熟的
玫瑰天竺葵的高度是**
75cm~1m

地块上种植玫瑰天竺葵及大蒜这样的次要作物，在作物之间种植罗勒和玉米，以充分利用他们的地块。这些植物具有很强的抗虫性，除了定期灌溉、除草和施肥，不需要特殊照顾。

消除差异

从3月中旬到4月中旬，随着花朵的绽放，田野变成了漂亮的粉紫色。随后，花朵凋落，植物会一直猛长到5月中旬，届时它们的高度将达到75厘米到1米。要达到完全成熟还需要温暖的气候。收获季从温度最适宜的时候开始，通常是从5月下旬到7月中旬。2020年，由于前一年的冬季过长，收获季直到6月下旬才开始。当叶子从深绿色逐渐变黄，且茎秆可以被轻轻压碎而不是被清脆地折断时，就表示它们已经准备好被采收了。收获季早期的质量与季末时有明显区别，早期的叶子中含有更多的香叶醇，呈现更青涩的香调，而季末时叶子的香味因含有更多的香茅醇而变得更浓，更接近玫瑰香。为了平衡不同的气味特征，公司会使用一种名为"Communelles"的精油混合物。人们用镰刀将植物割至5厘米高，之后就让其留在田间自然枯萎。与许多其他原料不同，玫瑰天竺葵在采收后不需要迅速加工，实际上，让它们略微失水反而更易于进行蒸馏。萃取工作一般在采收后2～3天在位于当地的专用场所进行。哈希姆兄弟公司在开罗北部相距一小时车程的卡夫索比（Kafr Elsohbi）地区开设了第一家工厂，在那里加工自家

---

* 霍比格恩特（Houbigant）成立于1775年，是世界上最古老的香水公司之一。这个品牌由让-弗朗索瓦·霍比格恩特（Jean-François Houbigant）创建，起初是专注于提供高品质香水和化妆品的贵族店铺，还曾是许多王室成员和贵族的御用香水供应商。

土地上种植产出的有机精油。部分产品获得了欧盟有机认证的"公平贸易"认证。哈希姆兄弟公司还生产一款净油。在贝尼苏韦夫蒸馏的传统精油产自从当地农民那里购买的玫瑰天竺葵。

一块试验田

哈希姆兄弟公司拥有的第三个地点是一个大规模的玫瑰天竺葵供应链研发项目。"几乎整个供应链都依赖于小型生产者，他们每年可能都会种植不同的作物，导致产量剧变，因此成本也难以控制。"穆斯塔法·哈希姆（Moustafa Hashem）解释说。哈希姆兄弟公司努力建立一个可靠的供应链：自2010年以来，在尼罗河三角洲的雷瓦（Regwa）地区，在开罗西北约40千米处，他们开垦了70公顷的现代技术农耕田。轻柔的沙土非常适合玫瑰天竺葵，这是在当地地块上唯一种植的植物。在这个沙漠区域，11月植物播种时气候仍然温和，播种的损失仅为 5%，和传统农场的 50% 折损率相比大大降低。滴灌系统防止了水资源的浪费，施肥也使用同一个系统，这个过程称为"灌溉施肥"。使用这种方法种植的玫瑰天竺葵产出的精油获得了"公平贸易"认证。公司还有另一个实验点，用于测试改进的农业新技术，如新的扦插、灌溉和修剪方法，一年多次剪收植物，以及机械除草、收割和采集。新品种的种植也在试验中。"我们的目标是获得一个足够大的地方，能在满足我们 75% 需求的同时实现低碳足迹，建立一个可持续供应链，并为其中的每一个环节——从当地农民到最终消费者——都提供公平的价格。"穆斯塔法·哈希姆总结道。

---

* 1755 年由法国药剂师约瑟夫 - 弗朗索瓦·博托（Joseph-François Botot）发明，是一种薄荷味的液体，被认为是历史上最早的口气清新剂之一。最初是为了法国国王路易十五而设计的，旨在解决其口臭问题。

3 款玫瑰天竺葵香水
Rose geranium in 3 fragrances

皇家馥奇（FOUGÈRE ROYALE）

品　牌	霍比格恩特（Houbigant）
调香师	P. 帕尔凯（P. Parquet）， R. 弗洛雷斯-鲁（R. Flores-Roux）
上市于	1882 年，2010 年

　　这款开创性的馥奇香水被视为第一款现代香水，它提供了对自然的一种创新而抽象的诠释，而不是进行简单的模仿。香柠檬的清新和薰衣草的抚慰在玫瑰天竺葵与薄荷的柔和交织中展开，增添了和谐的花香调。这种芳香的开场被香料所包裹，然后扩散成为干燥而洁净的广藿香和零陵香豆味，带有烟草的气息，让人联想到熟悉的刚刮过脸的男性形象。

**摩登男士
（GÉRANIUM POUR MONSIEUR）**

品　牌	馥马尔香水出版社 （Éditions de parfums F. Malle）
调香师	多米尼克·罗皮翁 （Dominique Ropion）
上市于	2009 年

　　多米尼克·罗皮翁受到博托漱口水（Eau de Botot）*的启发，推出了这款冰冷的具有强烈的清新薄荷气味的馥奇香水。天竺葵的绿色、芳香、柠檬般的气息让人联想到香茅，与一种水性的、臭氧的气味结合，产生透明感，并支撑着整体香氛的能量感。茴香、丁香和肉桂带出了尖锐的药用的味道，包裹在洁净的粉状麝香和檀香中。

天竺葵（GERANIUM ODORATA）

品　牌	蒂普提克（Diptyque）
调香师	法布里斯·佩尔格兰 （Fabrice Pellegrin）
上市于	2014 年

　　这款香水以柑橘、香柠檬和香茅的清新活泼气息开场，带来清新的古龙水的感觉。玫瑰天竺葵气味缓缓展开，如同馥郁的绿色植物汁液，缠绕着一丝淡淡的香料。然后，零陵香豆宛如奶油般柔和扩散开来，呼应着馥奇香调。最后，干燥的香根草和温馨的麝香将最初迸发的能量转化为肌肤上柔和透明的保护性光泽。

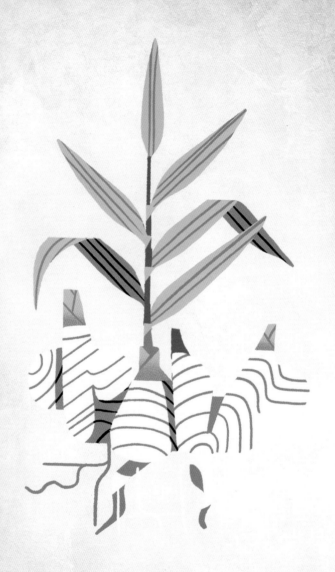

Ginger

生姜

Ginger

德之馨

　　在马达加斯加，姜可谓是"香料之王"。和"香料之后"香草差不多，这种在地作物对德之馨来说存在意义非凡，在香草不当季时，它又给本地种植者多提供一种收入来源。

　　生姜在很长一段时间里被当作催情剂。东方人会把它磨成末或切丝为菜肴调味增香。

　　传统中医相信生姜有解毒、回阳的功效。而运用在香水里的生姜精油，又为许多清香水、古龙水增加辛辣和柠檬味香调。马达加斯加产的生姜有时也被称作"蓝姜"。这个听着又诗意又有营销意味的名字，源自某种简单的化学反应——切开这种姜的根茎，切面接触空气后会渗出淡淡蓝色。它的中国远亲仔姜则占全球生姜产出的70%。由于生姜的根茎更肥大、纤维更丰富，能储存更多水分，其香气皂感更强、更辛辣；闻着清爽清新，口感却辣舌头。

　　中国人把生姜视作温热型香料，而西方调香师却觉得它很清凉，尤其是产自马达加斯加的那些。这很大程度上归因于德之馨集团在当地的专家。当地的生姜种植在从未施过肥的土壤，收成后会迅速进行蒸馏——一般是收成后两天内。位于小岛东北部的萨瓦（Sava）地区是全球最大的香草种植地，这片红土地里的生姜收成远高于中部高地雨水稀少的塔那那利佛。那儿疏松、排水良

身份证 IDENTITY SHEET

拉丁学名
Zingiber officinale

常用名
Ginger

科属
姜科

种植期
1月/2月

采收期
6月

萃取方式
蒸馏

蒸馏时间
5
小时

词源
源自梵文 *shringavera*，意思是"鹿角"，因生姜发芽的形状得名。

历史
生姜是一种产自中国和印度地区的多年生草本植物，茎秆能长至2米高。它的块茎富含芳香分子。在中世纪，它通过波斯传入欧洲，起初被视作有魔法和催情功效。传统中医则认为它有解毒、回阳之功效。

姜的学名 *Zingiber* 源自桑给巴尔，这是位于非洲东海岸的群岛，阿拉伯货商在此收购姜根。

香气特征
辛辣、温暖、柠檬、胡椒、玫瑰、木质

产地
摩洛哥、埃及、马达加斯加、印度、中国、印度尼西亚

主要化合物
姜烯
Zingiberene

🔻

香叶醛
Geranial

倍半水芹烯
Sesquiphellandrene

莰烯
Camphene

β - 水芹烯
Beta-phellandrene

α - 姜黄烯
Alphacurcumene

生姜需要多长时间来产生芳香分子

6
~
9
个月

产出率

| 300 千克 鲜姜 | 🔻 | 50 千克 干姜 | 🔻 | 1 千克 精油 |

好的土壤，温暖充沛的阳光，充足的水分最利于生姜生长。它在1月、2月期间播种，历经马达加斯加的盛夏，6个月后大约在6月末收成。

萨瓦的本地农民米恩（Mihen）透露："叶子开始发干，就意味着生姜的精华都储备进地下根状茎了。"德之馨每年都会收购他的作物，再送去本纳文（Benavony，位于马达加斯加南部）进行下一步处理。在马达加斯加，鲜姜根一收割就立刻送去蒸馏。这是一种新近的变化——传统做法是先干燥处理再用来萃取香水、芳疗精油原料，新技术则能从新鲜根茎萃取更高质量的精油。

现在姜根一从地里拔出来，会先丢进一种专门设计来清洗香根草、姜黄根茎的机器，快速洗掉泥巴；接着去皮、压榨，再在一个大锅里加水，将其加热成很稀的"姜汤"。这种姜水混合物随后会倒进高压蒸馏锅里蒸馏5小时左右。

萃取1千克精油需要250千克鲜姜根。根据收成情况，每天至少可以蒸馏三个批次。德之馨也通过经营本纳文地区的工厂，帮助萨瓦当地的农民建立自己的蒸馏厂来收获最新鲜的生姜精华。

"这股姜香
闻起来就像现磨的"

专访 / 亚历山德拉·卡林

亚历山德拉·卡林（Alexandra Carlin）是德之馨的调香师，她和我们分享了马达加斯加的生姜如何成为她最爱的调香原料之一。

你从什么时候开始了解马达加斯加生姜的？

那得说回 2014 年了。我第一次去那儿。旅程差不多结束时，我们已经尝试了很多原料，预备满载而归，然后阿兰·鲍登（Alain Bourdon，当时德之馨在马达加斯加的主任）给我们试了一点塔那那利佛当地一个非政府组织制作的生姜原精。我们当场意识到这东西不得了。它直冲鼻腔，就像《料理鼠王》里那位食评家尝到那碗让他想起母亲的炖菜！我立刻联想到曾经在印度喝到的一种热姜柠檬蜜。

一下就爱上了？

没错！香浓，辛辣开胃，这种原料闻起来就像现磨的生姜，还有柠檬和马鞭草的香气。回到法国后，我就沉迷于大量使用它。2017 年 J.U.S 品牌找到我们，想找一种新的调和香，我推荐了一款叫"伪古龙"（pseudo-cologne）的配方，于是诞生了"蓝姜派对"这支作品。

"蓝姜"的色彩如何启发你创作？

在蓝姜派对里，姜扮演了柠檬的角色，放大了香柠檬和柑橘的特质。我再选择一些能唤起蓝、绿色彩想象的原料，比如白芷、薄荷、红檀香，使其更完整圆润。

生姜会是新的"柠檬"替代原料吗？

当然可以。它的柠檬味和活力的感觉像柑橘，辛辣的部分又像胡椒。在头香里和其他的柑橘香调结合，与类似辣椒、马达加斯加肉桂之类的温暖辛香形成反差，总能制造出清新的气息，比如大卫杜夫（Davidoff）的"狂奔男士"（Run Wild Men）。

三款姜味香水
Ginger in 3 fragrances

红姜（GINGEMBRE）

品　牌	香邂格蕾（Roger & Gallet）
调香师	雅克·卡瓦利耶·贝勒特吕（Jacques Cavallier Belletrud）
上市于	2003 年

　　柑橘、苦橙和橙花在前调呈现香邂格蕾这个品牌经典的柑橘协奏。同时辛辣的姜香一路延展，与柔滑的安息香、古巴香脂，干燥的松叶、尤加利融合得更圆润。

　　它的灵感来自印度王公的宫殿，这支提神醒脑的香水给洗漱增加了精致的仪式感，赋予使用者松弛的香气。

五时姜茶
（FIVF O'CLOCK AU GINGEMBRE）

品　牌	芦丹氏（Serge Lutens）
调香师	克里斯托弗·谢尔德雷克（Christopher Sheldrake）
上市于	2008 年

　　香柠檬带领着尖锐的柑橘前调开场。它的名字里虽然有"茶"，但茶香更偏写意。中性感的燥热、清爽随之转向某种温暖、近乎美食感的氛围。糖渍姜糅合糖浆腌梅子的香气，轻轻点缀一丝胡椒。这个组合渐渐呈现一种辛辣木质调，再以树脂衬底——质感微微浓稠，一闻就让人感到身心松弛、充满活力。

蓝姜派对（GINGERLISE）

品　牌	J.U.S
调香师	亚历山德拉·卡林（Alexandra Carlin）
上市于	2018 年

　　这支热力四射的古龙香水里，柠檬被过量的马达加斯加生姜代替。用粉红胡椒的叶和果调出的胡椒调和香与苦艾、白芷、桃金娘，共同创造一种"蓝调"风格，呼应马达加斯加生姜的昵称。最终得到汁水四溢的效果，一点无花果放大马鞭草的绿意，延展至干燥的香根草、丝绒感的麝香营造的洁净木质场域。

Ambrette seed

黄葵籽

Ambrette seed

花卉概念公司

在秘鲁的安第斯山区种植，再送到法国格拉斯萃取，花卉概念公司（Floral Concept）生产的黄葵净油，正是这个小型家族企业定制香精原料的优质范本。

黄葵净油是调香师常用原料里最为名贵的一款：这种植物的产量和出油率相当低。一切始于一种在拉丁美洲高海拔地区生长的一年生木槿属植物。它们开黄色的花，最高能长到 2 ~ 3 米，花枯萎后结出的种荚里长着小小的蜗牛形种子。这些种子需要手工收割、晒干、分拣，并在分级、包装、发运前进行手工清洁；再运往远在千里之外、位于格拉斯郊区的花卉概念公司——它 2002 年成立时就在用种子提制黄葵净油。

黄葵净油是这家企业一系列 100% 纯天然原料里的招牌产品，它还制造精油、净油、香树脂和香精等。"我们起初从厄瓜多尔购买种子，但供应链太复杂了，导致我们很难保障原料的可溯源性，而客户都有这个需求。"弗雷德里克·雷米说道。她和丈夫让－皮埃尔·米尼亚蒂（Jean-Pierre Mignatelli）一同经营这个家族企业。"我们目前和一个秘鲁的供应商合作了 10 年，让我们实现了更符合道德和可持续性的采购渠道。"这些黄葵籽产自秘鲁境内的安第斯山区，由一百来位农民耕种，不使用农药或化肥。

身份证 IDENTITY SHEET

拉丁学名
Abelmoschus moschatus,
Hibiscus abelmoschus

常用名
Ambrette,
ambrette seed

科属
锦葵科

采收期
6月 / 7月 / 8月

萃取方式
涡轮蒸馏再净化

产出率

1公顷
黄葵花

↓

1吨
黄葵籽

↓

2.5千克
净油

词源
黄葵（Ambrette）得名于其神似龙涎香的气味。拉丁学名 *Abelmoschus* 出自阿拉伯语 *habb al-musk*（意即"麝香之源"），意指这种木槿属植物的种子散发的麝香气息。

历史
黄葵最早分布在印度、亚洲热带地区和澳大拉西亚（Australasia），现在遍植于赤道及热带地区。它的叶、根、种子均可入药。在古埃及，黄葵籽曾被用作口气清新剂和咖啡增味剂。它天然的麝香香气让它在香料工业里成为动物麝香的重要替代品。它也是一种调味剂：一些传统草药酒（比如诺曼底土产的法国廊酒）的配方里就有黄葵籽。

香气特征
甜味、麝香感、木质、琥珀感、鸢尾膏感、苦味、绿感、茴香味、动物粉感，夹带神似梨子的果香。

产地
萨尔瓦多、厄瓜多尔、秘鲁

主要化合物
黄葵内酯
Ambrettolide

↓

法尼醇
Farnesol

**黄葵净油
在食品香料里主要
用作制造
一种洋梨的香气。**

商业机密

2019 年，花卉概念公司在法国的锡亚涅河畔圣塞宰尔开发一套全新的尖端生产设备，黄葵籽被放进涡轮蒸馏器中，内置涡轮能磨碎其坚硬的外壳。

由于棕榈酸含量很高，黄葵提制的精油质地十分浓稠。黄葵油膏在食品工业里是一种天然的梨味香精。用在香水工业的话，它还得经过二次加工萃取更纯净的精华，一般被称为"净油"——尽管严格来说算不上绝对"纯净"，就像鸢尾净油。"最后这步很烦琐，要获得那种优雅的麝香木质香调意味着，要除去棕榈酸同时不能影响我们想保留的部分，我们得很小心不能过度加热或让气味分子挥发太多，否则可能会毁掉原料，就像厨师做坏一锅酱，"弗雷德里克·雷米解释道，"我们当然会使用碱洗法，但每个制造商还有自己的秘密工艺。"

花卉概念公司的独特之处在于拥有经验丰富的团队，以及弗雷德里克伉俪的专业背景，二人在创业前都在天然原料领域有着丰富的从业经历。先生负责技术，太太负责采购和销售。他们现在领导着一支由 17 名员工组成的团队。弗雷德里克热衷于开发定制型供应链，并通过调整公司的产品以满足客户的精确需求，建立起忠实的客群："关于品质和成品，每个客户都有自己的要求。我们认为自己的附加值根植于独立性和我们对格拉斯香水工业的深入了解，这是我们与众不同的原因。"

人情滋味

弗雷德里克·雷米不仅与高级香水调香师密切合作，日常为他们的具体需求保质保量，还与世界各地的农民紧密携手，这是她对自己的工作格外喜欢的部分："大多数供应商都是和我们规模、风格相当的家族企业，我们与其中许多人的合作已有两代人之久，彼此建立了真诚的关系——我很爱工作里这些人情味满满的部分。"

在黄葵籽生意里，信任至关重要。大多数农民在农业合作社工作，除了黄葵，他们还种植其他作物，但黄葵尤其难种。它很容易被其他在强降雨和热带明媚阳光下茁壮成长的植物淘汰，农民们必须严控杂草。花卉概念公司通过和出口商早在播种前 8 ~ 10 个月就签订合同、鼓励农民种植黄葵而不是其他作物，来保障黄葵籽的持续供应。花卉概念公司黄葵净油的每一道生产步骤都体现了这个企业对优质的出品、服务和可靠供应链的长远承诺，既对小规模种植者公平，又保护了生物多样性。

3 款黄葵籽香水
Ambrette seed in 3 fragrances

18 号香水（N°18）

品牌	香奈儿（Chanel）
调香师	贾克·波巨（Jacques Polge）
上市于	1997 年

很多人觉得这支香水异常抽象，它的灵感来源是光芒四射的钻石，朦胧闪烁的轮廓令人恍惚。黄葵在其中十分强势，它围绕花香核心散发出果渣白兰地和麝香的气息，营造出一种饱满又轻透的氛围。一丝酒渍玫瑰香调，增加紫罗兰的粉感切面，为这款十分印象派的作品平添色彩和厚度。

光之呐喊（LE CRI DE LA LUMIÈRE）

品牌	帝国之香（Parfum d'Empire）
调香师	马克-安托万·科尔蒂夏托（Marc-Antoine Corticchiato）
上市于	2007 年

黄葵像一道耀眼的光，策动了极美的开场。前调散发着通透轻盈的白兰地酒香，随后愈发柔和。花香完美地融合了鸢尾的粉感和玫瑰精油的鲜花特质。花朵在华美的西普核心缓缓绽放，强大又温柔，而轻柔的麝香还让它在皮肤上持久留香。

肌肤之花（FLEUR DE PEAU）

品牌	蒂普提克（Diptyque）
调香师	奥利维耶·佩舍（Olivier Pescheux）
上市于	2018 年

黄葵常被称作"植物麝香"，在这款香水中它被带着洁净香气的合成麝香层层包裹，完美地中和了合成麝香的"洗衣房"味。它由干燥、粉感的鸢尾主导，圆润地融合脂粉感的玫瑰香调，质感仿佛舒适、柔白的云朵。黄葵增添了一丝果香利口酒的感觉，让人收获轻盈、低调还特别持久的香气。

Iris

鸢尾

Iris

罗伯特香精香料公司

意大利、摩洛哥，现在中国也有——这朵皇族之花其实能适应不同的生长环境，但它需要的不仅是土地，还有时间。罗伯特香精香料公司（Robertet）从这三个国家采购原料，同时在土耳其和法国种植自己的鸢尾花田。

作为鸢尾家族中最高贵、最古老的成员之一，佛罗伦萨鸢尾遍植于托斯卡纳起伏的丘陵地带。原料以其香气和价格高昂闻名，不过目前需求量有所下降，其他品种也广泛在世界各地种植，比如主要在中国种植的香根鸢尾现在也出现在摩洛哥，它与本地品种德国鸢尾并驾齐驱，后者馥郁芬芳，更广泛地运用在芳疗行业。

地下的宝藏

土地之上，鸢尾花展示着它的美丽，土壤深处还藏着一个香气宝藏。鸢尾根抽出优雅的茎叶，也大量产生粉感芬芳。这种多年生植物喜沙质土壤，除了要定期除草以保持土质，它不需要太多呵护，真正需要的是耐心等待，鸢尾香精原料的成熟期长达2～3年。

第一个成熟期发生在地下：鸢尾长到第三年，根茎足够大才能被收割。待雨后土壤尚松软时，就可以翻开泥土，挖出鸢尾根。由

身份证 IDENTITY SHEET

拉丁学名
Iris pallida,
Iris germanica,
Iris florentina

常用名
Dalmatian,
German, Florentine iris

科属
鸢尾科

采收期
7月/8月/9月

萃取方式
挥发性溶剂萃取（净油）
酒精萃取（香树脂）
水蒸馏法
（鸢尾根脂及鸢尾酮）

词源
希腊语里 iris 或 iridos 意即"彩虹"，也是众神信使伊利斯女神的名字；拉丁语里 pallidus 则有"灰白"之意。

历史
鸢尾在古埃及就因其药用价值备受推崇。不过到了 18 世纪，鸢尾的培育才真正起飞——尤其在意大利，佛罗伦萨鸢尾因广泛用于香水和化妆品调香而闻名于世。因其根茎自带的甜美粉感香气，鸢尾曾被称为"紫罗兰根"。如今鸢尾香精仍然依赖精细、复杂的工艺生产。这种隽永的原料存了几世纪依然地位显赫。

香气特征
粉感、木质、绿叶感、黄油感、轻薄果香、可可和皮革味

产地
摩洛哥、法国、意大利、土耳其、中国

鸢尾根从播种到成熟

2~3 年

主要化合物
γ - 鸢尾酮
Gamma-irone
▼
月桂酸
Lauric acid
▼
α - 鸢尾酮
Alpha-irone
▼
棕榈酸
Palmitic acid

萃取时间

1 日蒸馏

数日挥发性
溶剂萃取

产出率

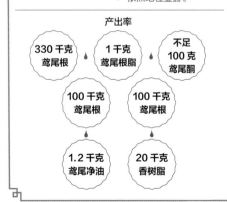

330 千克鸢尾根　→　1 千克鸢尾根脂

不足 100 克鸢尾酮

100 千克鸢尾根　→　1.2 千克鸢尾净油

100 千克鸢尾根　→　20 千克香树脂

于鸢尾都种在山坡上，用拖拉机是肯定不行的，收割工作通常得靠人工完成。块茎上的须根要先剪掉，有一些要用于扦插、培育来年的作物；这个阶段的鸢尾根还没有香味。接着它们会被洗净，有时得剥皮，然后晒干数月。收割期一般在7月至9月，以便使鸢尾根快速干燥。为了让晾晒更高效，根茎要切片、装在麻袋里。

第二年到第三年，作物开始进入干燥期。鸢尾根在这段时间失去60%的水分，大自然开始施展魔法，激发鸢尾酮的产生，正是这些分子形成了它珍稀的奇香。

供必应求

鸢尾在意大利是一种次要作物，农民主要依赖橄榄园和葡萄园的收成生活，起初人们种植鸢尾是为了固土，预防水土流失。托斯卡纳的农业合作社支撑了大约120个家庭，他们会根据市场需求调整收成量。如果需求低，鸢尾根可以到次年再收割，但这种机动性会造成营收困难，农民不得不种植主要经济作物才有更稳定的收入。

"15～20年前，佛罗伦萨鸢尾的年产量能达到50吨，如今估计每年大约10～15吨。"罗伯特香精香料公司的采购经理斯特凡妮·格鲁（Stéphanie Groult）说道。

干燥熟成的过程对香气的影响远比风土大，这意味着鸢尾的种植环境很多样化。摩洛哥过去主要种植德国鸢尾，农民现在也种香气更细腻的香根鸢尾。中国云南和浙江主要种植香根鸢尾，已经是当地成熟的经济作物了。采购前检查鸢尾根的实际成熟度很重要，因为市场需求旺盛时，当地原料商可能会拿没成熟的根茎以次充好。

家族历史

在 20 世纪 70 年代，罗伯特香精香料公司的第三代掌门人保罗·莫贝尔（Paul Maubert）买下塞朗（位于法国瓦尔省）一片 20 公顷的葡萄园，成功培育了意大利的佛罗伦萨鸢尾品种。为了扩大业务，他随后在索村（位于法国沃克吕兹省）的开发地上种植鸢尾。2018 年，莫贝尔家族的第四代和第五代接棒前人，在瓦朗索勒高原（位于普罗旺斯阿尔卑斯省）一位合作伙伴的农田上重新种上鸢尾。这个最新的投资项目将助力保护南法鸢尾培育的传统。

家族现在还将目光转向土耳其，公司的工厂也开到了那儿。"2019 年，我们 5 公顷的佛罗伦萨鸢尾就收获了 12 吨鸢尾根。"斯特凡妮·格鲁欣喜地透露道。

慢慢地转变

罗伯特香精香料公司在法国格拉斯和土耳其工厂研了多种工艺来提制熟成的鸢尾根。水蒸馏法需将根茎磨碎浸水、蒸馏 24 小时以上。漫长的陈化和低出油率导致这种原料很昂贵。蒸馏出的精油被称为"鸢尾根脂"，因其质地像室温下的黄油。它散发着木质、壤感气息，还有紫罗兰的香气特征。用挥发性溶剂萃取的香膏再用酒精洗过会得到鸢尾净油，它有更多果香特质。另一方面，用酒精提制德国鸢尾根，会产生更苦涩、有巧克力气息的香树脂。从鸢尾根脂到纯鸢尾酮，罗伯特香精香料公司一直为顶级香水品牌提供各种等级的原料。

3 款鸢尾香水
Iris in 3 fragrances

19 号香水（N°19）

品　牌	香奈儿（Chanel）
调香师	亨利·罗伯特（Henri Robert）
上市于	1970 年

白松香的青绿感和土腥味在本作中被驯得服服帖帖，像被鸢尾包围一般温柔，焕发出惊艳的甜美和轻盈粉感。前调是典型的"香奈儿"风格，围绕着玫瑰、茉莉、风信子和依兰组成花香协奏曲，晶莹的醛香闪烁。中调转为由香根草、雪松和橡木苔组成透亮的木质协奏曲，略带西普特质，一路绵延鸢尾的柔滑和暖意。

银霭鸢尾花（IRIS SILVER MIST）

品　牌	芦丹氏（Serge Luten）
调香师	莫里斯·鲁塞尔（Maurice Roucel）
上市于	1994 年

它是极简的、粗粝的又精雕细琢，呈现了鸢尾原料的所有香气特质——质朴、壤感、黄油感、脂粉感、绿意，并融合成一片忧郁的光晕。

胡萝卜的蔬菜味和尖锐绿意、紫罗兰的果香和鸢尾净油与各种合成元素交织，像一朵棉花云、一片云遮雾障的天空、积雪的大地，又如一抹盈盈发亮的月尘般舒展开来……

**迪奥桀骜男士原版
（DIOR HOMME ORIGINAL）**

品　牌	迪奥（Dior）
调香师	奥利维耶·波巨（Olivier Polge）
上市于	2005 年

沉稳的木质基调与巧克力般顺滑的鸢尾相遇。前调的胡萝卜味和壤感笼罩在薰衣草、鼠尾草和小豆蔻的辛辣草本光环下。接下来我们将被引入琥珀、皮革感更强烈的场域，烟熏感香根草、雪松和广藿香与夹杂可可香气的柔滑鸢尾交融。

尽管本作有种高傲的老派魅力，但大师级的结构绝对是时髦的。

Jasmine grandiflorum

大花茉莉

Jasmine grandiflorum

法赫里公司

法赫里公司是埃及领先的香水原料供应商。这家公司总部位于尼罗河三角洲的中心地带，专事生产香气明媚如蜂蜜的茉莉净油，以及高度还原鲜花香气的精油——可以说是世界一流水平。

在埃及采收大花茉莉，头灯和大柳条篮是必备工具。这些小白花要在 5 月下旬到 11 月的夜间采摘，此时它们的香气最浓郁。夜间工作也让花农避开尼罗河三角洲白天的酷热。自从艾哈迈德·法赫里 1955 年在附近的舒布拉·贝卢拉开建工厂，加尔比亚省的库图尔镇一带就遍植茉莉花。法赫里公司现在由艾哈迈德的儿子侯赛因管理，是埃及历史最悠久的专业芳香植物种植商，拥有 150 多种产品，从五月玫瑰、橙花到玫瑰天竺葵、快乐鼠尾草和合欢花。

夜收

这家企业经营着一个占地约 15 英亩（6.5 公顷）的茉莉花田——大多数埃及茉莉都种在不到 1 英亩的小型家庭花田。给越长越高的茉莉修枝后，当地农民会挨着茉莉种苦橙树（即塞维利亚橙树），冬季还种莴苣和豌豆。剪枝一年进行一次，以促进植株生长，植株修剪成直径约 1.3～1.4 米的圆形，这样花农能又快又轻松地采花。茉莉长到第 4 年就可以进行第一次采收，如果植株健康的话，

身份证 IDENTITY SHEET

拉丁学名
Jasminum grandiflorum

常用名
Jasmine grandiflorum, Spanish jasmine, royal jasmine

科属
木樨科

采收期
5月 / 7月 / 8月 / 9月 / 10月 / 11月

萃取方式
挥发性溶剂萃取

产出率

1 吨
鲜花

↓

1.54 千克
茉莉净油

词源
拉丁语里"*Jasminum*"一词源自阿拉伯语"*yā-samīn*",即素馨茉莉;后者又源自波斯语"*yā-saman*",意为"馨香"。拉丁语"*grandiflorum*"意为"大花"。

历史
野生的大花茉莉原产于印度北部山区,在古代它适应了地中海盆地的气候,文艺复兴时期再传入法国南部。自 17 世纪中叶一直到 20 世纪后半叶,大花茉莉都是格拉斯花田的明星,为格拉斯这座香水工业中心赢得美誉。如今这里仅有少数花农仍在种植大花茉莉,大部分原料都从埃及和印度进口。

香气特征
花香、温暖、甜美、清新、华丽、果香、明媚、蜂蜜感,略带药感和动物感。

产地
摩洛哥、法国、意大利、埃及、印度

主要化合物
苯甲酸苄酯
Benzyl benzoate

🜄

顺式茉莉酮
Cis-jasmone

🜄

吲哚
Indole

🜄

茉莉酸甲酯
Methyl jasmonate

🜄

邻氨基苯甲酸甲酯
Methyl anthranilate

🜄

乙酸苄酯
Benzyl acetate

每年埃及的茉莉鲜花产量

1700~2400

吨

埃及的茉莉种植面积

150~210

公顷

一位花农每天能采摘约 3 千克鲜花;生产 1.5 千克茉莉净油需要 600 万朵花。净油每千克成本近几年在 2000 美元至 5000 美元浮动。

能一直采到它 20 岁。5 月头两个星期茉莉就陆续开花，一直开到年底，花期巅峰在 8 月 10 日左右。

"每天晚上黄昏时分，花朵在背阳的一侧徐徐绽开。但要到午夜，香气才最为馥郁，变得花香四溢、灿烂明媚、温暖迷人，让你沉浸其中。"侯赛因·法赫里说。此时就该采收了。来自周边村庄的采花人——大多是女性——在午夜抵达，沿着被分配好的行列忙着采花，整个花期她们都会保持这样的工序。

法赫里公司的工厂就在花田旁边，所以第一批花朵早上 7 点就准备开始萃取。当地小花农也会带着自家收成送到那里，而中间商则从 30 千米以外的花田收购鲜花送来；在采收高峰期，每天大约有 300～400 个供应商运来高达 15 吨的茉莉花，所有花朵要在下午 2 点前完成加工，以保证最佳的新鲜度和品质。

专研廿三载

鲜花通过己烷蒸馏能得到茉莉净膏，再用乙醇清洗、冷却并过滤去蜡质。酒精挥发后，就留下茉莉净油了。由于花期漫长，不同时节的鲜花提制的净油香气特征也大不同：春天的花，净油香气更青绿；夏天的则变得偏果香和蜂蜜感；年底的花，动物感更重，有近乎皮革的特征。法赫里公司是埃及香精工业的开拓者，拥有超过 65 年专业的净膏和净油产品生产经验，例如降低溶剂挥发时的热量、使用比竞争对手更少的己烷。企业还在努力减少对环境的影响和农业资源的消耗，降低用水量和化石燃料用量，并转向生物质燃料产生蒸汽发电。此外他们正在通过建立支持当地学校和女性工人的项目实现现代化和未来化供应链。

　　2020年，一项重大创新横空出世——法赫里公司实现了过去被认为不可能的事，成为唯一一家运用水蒸气蒸馏法萃取茉莉精油的企业。这种工艺至少花了23年才开发出来。

　　"这种工艺所得的精油有海水般的清新气息、茶和梨香，还有依兰和橙花的香气，这是一种全新的嗅觉体验，它完整捕捉到一朵生机勃勃的鲜花的香气特质。"侯赛因·法赫里自豪地说道。

3 款大花茉莉香水
Jasmine grandiflorum in 3 fragrances

五号香水香精版（N°5 EXTRAIT）

品　牌	香奈儿（Chanel）
调香师	恩尼斯·鲍 （Ernest Beaux）
上市于	1921 年

在淡香精（EDP）和淡香水（EDT）等诸多版本诞生前，五号香水曾经只有香精浓度。它大胆而创新，是如今仅有的几种还在生产的经典香水之一。它的香精既有格拉斯茉莉净油，也有埃及茉莉。凭借标志性的醛香，华丽的依兰和格拉斯玫瑰、高品质的茉莉，被调香师的革命性技艺化作抽象的杰作。

夜间茉莉（À LA NUIT）

品　牌	芦丹氏（Serge Luten）
调香师	克里斯托弗·谢尔德雷克 （Christopher Sheldrake）
上市于	2000 年

在夏夜浅啜一杯热腾腾的茉莉花茶，我们在前往东方的路上。三种茉莉构成了这只辛辣的"夜行动物"。白花散发出太阳的光芒，前调暂取铃兰一丝羞涩的绿意，再借丁香升温，转向撩人的蜜意、麝香和深沉的安息香。

香甜茉莉（JASMINS MARZIPANE）

品　牌	兰蔻（Lancôme）
调香师	多米尼克·罗皮翁 （Dominique Ropion）
上市于	2000 年

小花茉莉和大花茉莉携手创造出明亮和谐的花束，散发出金灿灿的色调。白花谐调冒出一丝皂感，散发着清冷、轻微吲哚感的优美。接着迎来绿杏仁，带着酸涩和酥麻药感，温暖的气息将白花包裹，却没有一丝甜腻。奶油般的香草被轻盈的麝香和细腻的开司米酮环绕，让这场柔和精致的香气盛宴十分持久。

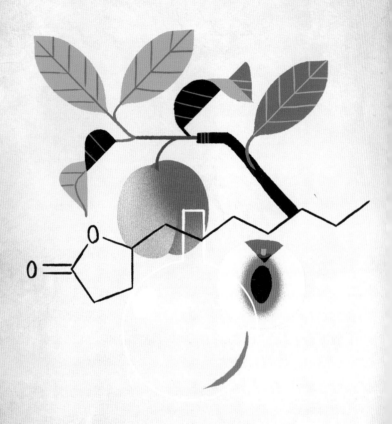

Lactones

内酯

Lactones

曼氏香精香料公司

在 20 世纪初首次成功合成的内酯家族，如今已成为香水工业的关键成分，它们细腻的奶油芬芳和果香备受人们喜爱。曼氏香精香料公司现在利用生物技术生产这些合成分子，为它们与天然原料的结合运用铺平道路。

甜滋滋的桃子谐调、奶油椰子香气、盛开的白花：所有这些香气的同一来源，就是内酯家族的有机化合物。相比麝香等其他芳香分子，它们对大众来说可能不那么熟悉，但早被广泛应用在香水和食品香精里。首先，它们在许多介质中很稳定，香气持久且价格实惠，用来调制洗发水、洗涤剂和高档香水再理想不过。其次，抚慰人心的香气特点意味着这些产品能吸引全球各地从婴儿到成人的大规模客群。"内酯类分子都有奶油、果味、饱满丰腴的香气。"曼氏香精香料公司的调香师罗尔夫·加斯帕里安（Rolph Gasparian）表示。

鲜果与白花

尽管如此，内酯家族的每个成员又有其独特之处。香水里常见的内酯分子有 6 个（己内酯）到 12 个（十二内酯）碳原子。碳链越长，内酯的奶油感，甚至油脂感或者成熟果香的特性就越浓烈。最常用的，包括有桃子糖浆味的 γ-十一烷酸内酯（也称为十四醛，

调香用内酯的碳原子数量

6~12

历史

香水创作时常用的内酯，是由5个或6个原子构成的环和长度不等的碳链组成的有机化合物。它们起初被称为"醛"，尽管在化学层面，它们与"醛"家族没有任何关系。这种奇怪的称呼起因是早年原料商想弱化它们的化工属性，以及"醛香"在当年十分流行。"内酯"一词也取自它们的奶香特质。

γ-十一烷酸内酯/十四醛/桃醛

早在20世纪初，两支化学家队伍都合成出了这种成分：法国化学家É. E.布莱兹（É. E. Blaise）和L.乌永（L. Houillon）在1905年发布了他们的研究成果，他们的沙俄同行A. A.朱可夫（A. A. Schukow）和P. I.肖斯塔科夫（P. I. Schestakow）在几年后——1908年——发布成果。同年，芬美意将其命名为"Persicol"，充分强调它可口的桃子香气。它为娇兰的"蝴蝶夫人"和杰克斯·菲斯的"鸢尾花"带来柔和的果香；又给罗莎的"罗莎女士"、迪奥的"蕾拉"和芦丹氏的"林之妖媚"里添上李子的气味。

γ-壬内酯/十八醛/椰子醛

这种分子天然存在于杏、桃、椰子和桂花里，1909年由É. E.布莱兹和A.凯勒（A. Koehler）首次人工合成。它会赋予香水奶油般的热带水果风味，以及奶香、椰子和桃子味。

罗尔公司（奇华顿前身）调香师热尔梅娜·赛利耶（Germaine Cellier）给罗拔贝格调配"喧哗"时添加的γ-十一烷酸内酯和γ-壬内酯的浓度，赋予了它极度肉感、丰腴的晚香玉特质。

3.5%

内酯家族

1905年	1909年	1909年
γ-十一烷酸内酯（十四醛）	γ-壬内酯（十八醛）	丙位辛内酯
Gamma-undécalactone	Gamma-nonalactone	Gamma-octalactone

1938年
丁位十一烷酸内酯
Delta-undécalactone

1935年
二氢-4-甲基-5-戊烯基-2(3H)-呋喃酮
（晚香玉内酯）
Methyl Tuberate（Tuberolide）

尽管它不是醛），阳光椰子味的 γ−壬内酯（或称十八醛），让人联想到热牛奶的丁位十一烷酸内酯，以及杏仁味和粉感更重的丙位辛内酯。它们通常会组合使用，调配成各种风味的谐调。

　　"内酯可以用来突出果肉饱满或果汁四溢的特质，还原水果的质地——比如丙位辛内酯能重现梨子沙沙的果肉感。"曼氏香精香料公司另一位调香师西里尔·罗兰（Cyrill Rolland）指出。内酯还可用来展现白花——如茉莉或晚香玉——华丽的特性。它们在美食香调中发挥了特别重要的作用，尤其是模拟巧克力或咸奶油焦糖味。"它们让香水闻起来有分量、舒服、层次丰富，"罗尔夫·加斯帕里安继续说道，"但你得小心使用，有的人会注意到它们有点呆板的化工感，要注意控制用量。"

生物转化与脂肪酸

　　我们如何获得这些香精分子呢？大多数内酯天然少量存在于水果里（如桃子、草莓、覆盆子和椰子、杧果、菠萝这些热带水果），也同时存在于可可、加工乳制品（黄油、奶油、牛奶和奶酪等）、啤酒和某些发酵产品中。只是到 20 世纪初化学家在实验室中成功合成后，它们才成为香水工业的关键成分。为了满足品牌和消费者对环保产品日益增长的需求，曼氏香精香料公司研发出了"绿色环保"内酯——这多亏有生物转化技术。这种工艺利用微生物（细菌之类）的特性，通过发酵将一种或多种天然原料转化为一个或多个芳香化合物。

曼氏香精香料公司的生物技术部经理范妮·朗贝尔（Fanny Lambert）讲解道："自然界的内酯由脂肪酸合成。我们可以利用植物油（比如蓖麻、橄榄或葵花籽油）中的脂肪酸在实验室复制这个过程，具体用哪种油取决于我们想要什么分子。""第一步，是选择一种特定的酵母，能最高效率地将给定的脂肪酸转化为我们所需的内酯化合物。基于合成途径、目标分子的不同，脂肪酸底物（酵母、霉菌或细菌）会有区别。一旦分解出培养物，我们会将其培养成一个真正的冠军，能够将原材料转化为大量内酯。"

然后开始进行生物转化了：把底物浸泡在恒定 37 摄氏度的液态生长环境里，投喂营养物质（比如糖、蛋白质、维生素等）使其繁殖；然后只投入选定的脂肪酸，通过发酵逐渐将其转化为内酯衍生物。一周后反应完成，所得物经过离心、溶剂萃取、蒸馏挥发溶剂后再回收。转化好的内酯就能直接供调香师和调味师使用了。生物转化法的优势在于所得物算是"天然原料"，因为转化过程不涉及石油化学产品，只遵循自然律法。生物转化有时也会产生（惊喜的）意外。"偶尔有一些预期能产生某种内酯的酵母，最终生成不同的化合物。我们就是这样发现了'Tropicalone'，一种有热带果香的特殊分子。"范妮·朗贝尔分享道。

3 款内酯香水
Lactones in 3 fragrances

喧哗（FRACAS）

品 牌	罗伯贝格（Robert Piguet）
调香师	热尔梅娜·塞利耶 （Germaine Cellier）
上市于	1948 年

　　"喧哗"演奏了一支喧闹的晚香玉之曲，它放大了白花的果香和奶油感，融合橙花和强劲放肆的合成材料，比如带大黄味的乙酸苏合香酯、有梨香的乙酸苄酯、散发桃子和椰子香味的内酯以及一些尖锐的醛。核心却向着乳脂般柔滑、温柔的花粉感谐调演化。

末端（COCO EXTRÊME）

品 牌	蓝色和平 （Comptoir Sud Pacifique）
调香师	雷蒙德·卡拉旺 （Raymond Carlavan）
上市于	2007 年

　　"蓝色和平"向你发出了异国之旅的邀请：你可以想象自己躺在沙滩上，椰林树影，从头到脚抹上香喷喷的防晒霜……奶乎乎的椰香夹杂一丝香草糖的香，放大了它多汁饱满的果肉和浓滑的奶味。零陵香豆和杏仁的粉感，为晴朗夏日的气氛增添舒适、略带美食感的层次。

女人味（WOMANITY）

品 牌	穆勒（Mugler）
调香师	曼氏（Mane）， 法布里斯·佩尔格兰 （Fabrice Pellegrin）
上市于	2010 年

　　蒂埃里·穆勒用"天使"引入了美食香调后，又创造了这款咸甜交织的香水。前调的海洋调带来怪异的初印象；但中调并没有持续向大海奔去，感谢此处的无花果谐调，带着叶子的青绿感和甜甜的内酯气息——一点奶味加一点椰香，让它的风情向地中海海岸靠拢。最后，木质、香豆素和轻微烟熏的谐调构建暗黑且干燥的基调。

Lavender

薰衣草

Lavender

邦图公司

以普罗旺斯特产的薰衣草制作的精油，现在是法国邦图公司（Bontoux）的旗舰产品。这家本土家族企业严控供应链的每个步骤，以保障植物、土地以及在地居民生活的可持续性发展。

位于普罗旺斯乌韦兹河（Ouvèze）上游的邦图总部，四周被薰衣草田环绕。办公室和工厂都弥漫着这些小蓝花甜美的香气。一切得从 1898 年说起，公司创始人热罗·邦图（Géraud Bontoux）开始尝试蒸馏普罗旺斯山区手工采摘的野生薰衣草。历经四代人的经营，业务各方面都有变化。野生薰衣草已被驯化，如今以人们熟悉的紫蓝色调点缀着乡间美景。邦图现在是业务跨越四大洲的国际企业，产品 95% 供出口。其产品目录扩展到来自 37 个国家的 200 多款样品，包含精油、天然萃取物和草药用干花。

尽管业务多样化了，薰衣草仍然是公司的旗舰产品，120 年来它都是这个家族企业的重心。现任首席执行官、热罗的曾孙雷米·邦图（Rémy Bontoux）回忆起小时候："祖父一年到头身上都散发着薰衣草柔和的香豆素味；每到收获季，我父亲晚上回家总带着蒸馏物馥郁清新的香气。"从四代人和这种植物的情感羁绊里，不难理解邦图为何享有如此卓越的声誉。他们的忠实客户来自香水和芳疗行业，在邦图的客户里占了 55%，远多于食品香精业。

身份证 IDENTITY SHEET

拉丁学名
Lavandula angustifolia

常用名
True lavender, common lavender, English lavender

科属
唇形科

采收期
6月 / 7月 / 8月

萃取方式
水蒸气蒸馏

蒸馏时间
45
~
90
分钟

词源
薰衣草（lavender）一词最初源自拉丁语的动词 *lavare*，意为"清洗"。早在古罗马时期就有用这种植物为浴室和家纺品增添香气的传统。

历史
薰衣草原产自地中海西部，被罗马人带到普罗旺斯。随着该地区精油产业的发展，薰衣草在格拉斯周边广泛种植，19世纪达到鼎盛时期。法国南部阳光充沛的气候、石灰岩土和海拔高度给薰衣草提供了完美的生长条件。真实薰衣草和穗花薰草杂交出的醒目薰衣草产量更高、樟脑气味更重。如今，醒目薰衣草种植面积已远远超出真实薰衣草。

香气特征
清新、草本芳香、花香、樟脑味、木质、粉感

产地
法国、保加利亚、希腊、中国

主要化合物
乙酸芳樟酯
Linalyl acetate

芳樟醇
Linalool

乙酸薰衣草酯
Lavandulyl acetate

4-松油醇
Terpinen-4-ol

β-罗勒烯
Beta-ocimene

薰衣草醇
Lavandulol

香豆素
Coumarin

普罗旺斯的传统薰衣草种植技术在2018年被列入联合国教科文组织人类非物质文化遗产代表作名录。

法国每年薰衣草精油产量
150
吨

产出率

1公顷花田	3吨薰衣草花	10~25千克精油

薰衣草为许多香水呈现新鲜的现代感，雷米·邦图为自家原料给行业注入新生机感到自豪。他说调香师都很乐意用其生产的薰衣草，因"其花香精致、香调平衡，这归功于我们对风土和精油香气的钻研"。邦图公司早已掌握每一道制作流程，从种植到蒸馏精油、萃取净油，再到草药领域的干花制作。

可持续发展的薰衣草产业

邦图公司把这种植物视为珍宝，不仅仅因为它的芳香和对身心健康有益。在普罗旺斯北部偏远一隅的德龙普罗旺斯（Drôme Provençale）地区，几代人都受惠于薰衣草。"薰衣草为我们偏僻的山区带来新的可能，首先我们拿下了格拉斯和巴黎的市场，又在20世纪中叶走向国际。"雷米·邦图回忆道。即使在最贫瘠的土地，薰衣草花也能绽放幽香，它是这个地区无与伦比的宝藏和珍贵的经济发展资源，需要强有力的保护。这份信念促使邦图在2007年就着手并签署法国薰衣草和薰衣草精油部门的第一份可持续发展公约。企业自此专注于一系列共建生态系统的倡议，这个生态系统不仅包括土地，也包括生存在这里的植物和人们。"我们的主要任务是建立可持续、有益的、功能全面的行业，与当地农民携手，保育这片让我们焕发生机的景观，建设有活力的在地社区。"雷米·邦图说道。

展示在地的风土遗产

正如公司针对乌韦兹山区自然与人力资本可持续发展与投资发表的企业宣言，2018年邦图加入联合国全球契约组织（United Nations Global Compact）并承诺遵守十项公约，以此指导公司的战略和项目开展。这家扎根在本土的企业正在协助开发新的薰衣草种植技术，与专业种植者和行业机构合作，提高人们对环境保护的意识，例如减少农药使用、保育土壤、解决行业的碳足迹问题。邦图公司对最后这项倡议尤为关注，因为它是薰衣草保育基金（Lavender Endowment Fund）的创始成员，也是绿色薰衣草计划（Green & Lavandes project）的发起者，该项目旨在2030年前将薰衣草产业的碳使用和排放减半。他们长期参与多个行业组织，协助引导行业发展。凭着这股保护和展示本土薰衣草种植传统和专业知识的热情，以及适应世界日新月异的变化的需求，邦图公司制订了一个雄心勃勃的计划。即将接棒的第五代传人期待去实现企业对人类和地球的承诺。当然，薰衣草仍会是邦图的核心和灵魂。

3 款薰衣草香水
Lavender in 3 fragrances

同名男士（POUR UN HOMME）

品　牌	卡朗（Caron）
调香师	埃内斯特·达尔特罗夫 （Ernest Daltroff）
上市于	1934 年

　　"同名男士"是最早的男用香水之一。调香师依赖于两种风格迥异的成分，组合出意料之外的效果。薰衣草先迸发出绿叶调和紫色调；清新、活力四射又令人愉悦的香气伴随少许柑橘，增添一丝微妙的古龙水意蕴。随着时间推移，香草慢慢沉淀，与琥珀、香豆素谐调交融，温柔地融入肌肤之味。

自由旅程（JERSEY）

品　牌	香奈儿（Chanel）
调香师	贾克·波巨 （Jacques Polge）
上市于	2011 年

　　与卡朗标志性的薰衣草相比，"自由旅程"的做法更现代，它企图将传统的男性香调女性化。"同名男士"香调结构分为更直接的两段，"自由旅程"糅合相同的原料——薰衣草、香草、白麝香和零陵香豆，但用更融合的方式呈现香调变化。薰衣草被修饰得隐秘难辨，更柔顺、丝滑，反而没有本身的草本香气，粉感麝香中透出花香。

薰衣草之恋（LAVANDE ROMAINE）

品　牌	佩里斯·蒙特·卡洛 （Perris Monte Carlo）
调香师	让 - 克洛德·埃莱纳 （Jean-Claude Ellena）
上市于	2020 年

　　这阵幽香仿佛一束刚采摘自田间的薰衣草，它仍沐浴在普罗旺斯的夏日晚霞中。它像一片风光倒映在这种紫色小花特别的草本芳香里，还透露出类似甘草和不凋花那种利口酒和茴香味的香调。随后黑醋栗芽的青绿感和果香颇有冲击力，在皮肤上绽开隽永的清新，就像手指捏碎薰衣草揉搓出的芳香。

Mandarin

橘子

Mandarin

卡普阿

　　卡普阿家族在卡拉布里亚已经经营了五代之久。他们研发了许多创新方法以减少农民种植的橘子对环境的破坏，同时增强橘子独特的香气。

　　橘子原产于中国，但意大利，尤其是卡拉布里亚是它们的第二故乡。这个以柑橘水果品质闻名的地区，盛产味、香俱佳的橘子。卡普阿的家族企业 1880 年就在雷焦卡拉布里亚建立，已发展成香水和食品香精工业的关键角色：它盛产的橘子、香柠檬（见第 41 页）、柠檬和橙子精油——约占意大利总产量的三分之一——现在出口到 54 个国家。

支持供应链

　　卡普阿与本地果农的坚实关系使其成为市场领导者。公司现任负责人罗科·卡普阿是创始人的曾孙，他与父亲詹弗拉诺以及兄弟詹多梅尼科一同经营这家企业。他指出："我们与这块土地以及农民的关系是我们事业的根基。我们知道，想要一个可持续的供应链，就必须对每一个环节都给予支持。"创造就业机会、签订长约与长久业务相辅相成，让他们能和农业合作社直接议价、保持价格尽量稳定。卡普阿生意长红的另一个秘诀，是创新以及适应

身份证 IDENTITY SHEET

拉丁学名
Citrus reticulata

常用名
Mandarin

科属
芸香科

采收期
9月/10月/11月

萃取方式
果皮或整果冷提取
混合果汁和精油

产出率

100 千克
果实

600 克
精油

每公顷果树总数
450
棵

词源
橘子（Mandarin）一词源自葡萄牙语 *mandarium*，它起源于梵语 *mantrin*，意为"顾问"。葡萄牙人起初用这个词指代穿橙红袍子的中国官员，让人联想到这种水果的颜色。

历史
橘子原产于中国，在 19 世纪被葡萄牙人引种到地中海地区。橘树高达 3~4 米，果实比其他柑橘更甜。果皮富含香气浓郁的芳香油，根据成熟度可分为绿、橙或红三个等级。

克里曼丁红橘是自然杂交品种，20 世纪初由名为克莱门特的修士在阿尔及利亚的奥兰附近发现；它们是橘树授粉给橙花的结果。

香气特征
柑橘、清新、青绿、醛香、果香、甜美、酸爽

产地
阿根廷、巴西、摩洛哥、西班牙、意大利、中国

主要化合物
柠檬烯
Limonene

γ - 松油烯
Gamma-terpinene

甲基邻氨基
苯甲酸甲酯
Methyl
N-methylanthranilate

**意大利
雷焦卡拉布里亚
用于种植橘子的
土地面积**
1500
公顷

**该地区
每年生产精油总量**
320
吨

行业需求变化的能力。可持续发展现在是卡普阿最感兴趣的板块，这一点从他们在伊奥尼亚海岸新建的农场"Fab Farm"可以看出。这座28公顷的果园是卡普阿内部研发团队的户外实验室，他们的主要任务是帮助柑橘应对气候变化，未雨绸缪。"我们在圣卡罗的教学果园供我们的香柠檬、橘子和卡拉布里亚橙供应链专用，这些供应链都有生物贸易伦理联盟认证。我们使用严格的再生农业技术，并试验所有新兴绿色农业技术，再将它们引进到相关的供应链里。"罗科·卡普阿解释道。公司的可持续发展旗舰项目证明了它的价值："通过这些供应链，这些技术在真实的农业环境中测试后，大大减少了我们的碳排放和灌溉水量。"

创新的传统

从供应链的一端到另一端，卡普阿为企业在推进最佳的农业实践方面开展的工作非常自豪。不过，生产对环境的影响现在虽然是公司关注的焦点，但香氛产品的品质依然至关重要。詹弗拉

诺·卡普阿和他的儿子们不断追求高质量的过程，正是在传承前人的创新传统。罗科·卡普阿指出："比如我父亲研发了用冷提取方式从柑橘汁——包括橘子——中萃取挥发性化合物的'自然提取'（NatProFile）技术。"这项技术于 2013 年推出，是重大的进步：过去萃取挥发性化合物要加热果汁，会影响柑橘微妙的气味特征。卡普阿的"自然提取"技术萃取物相当还原且香气饱满——它的芳香化合物比鲜榨果汁浓缩了 150 倍，这个产品迅速吸引了食品香精行业的注意，调香师也不落其后：美食调香水没有过时的趋势，而且客户越来越追求天然成分，这样的产品自然备受欢迎。

　　不过卡普阿的传统精油市场空间依然充足，它们仍是调香师的首选。采摘还没熟的柑橘果实，可提制出两种等级的芳香产品。第一级，用叫剥皮机的机器（卡拉布里亚传统冷榨机的升级版）冷榨果皮萃取，精油呈绿色，有绿植、清爽的香气。第二级黄色精油，要使用压榨萃取技术压榨整颗果子而得，更多汁、果味更浓郁，还带果核的细节，香气极其圆润，完全捕捉到那些生长在卡拉布里亚山坡的果子的灵魂——自然是备受行业青睐的选择。

3 款橘子香水
Mandarin in 3 fragrances

龙涎柑橘
（EAU DE MANDARINE AMBRÉE）

品　牌	爱马仕（Hermès）
调香师	让－克洛德·埃莱纳 （Jean-Claude Ellena）
上市于	2013 年

　　这支香水成功地再现了橘子令人愉悦的光芒，带一丝酸甜和美食感，宛如阳光一般灿烂。清新、微妙的百香果谐调支撑着多汁、甜美的香气。渐渐地，琥珀的基调显现，却没让这支作品的轻盈透亮感削弱。这款香水偏离了传统古龙水的风格，没有任何草本感或苦涩，散发出一抹生机和光芒。

柑橘仲夏（MANDARINA CORSICA）

品　牌	阿蒂仙之香 （L'Artisan parfumeur）
调香师	昆汀·比奇 （Quentin Bisch）
上市于	2018 年

　　这支香水用了连皮带肉整颗果子冷提取出的原料，明亮的果皮香、苦涩的枝叶，以及最重要的甜橙那酸甜甜、汁水四溅的果肉质感都被完美还原了！橘子虽然足够自然，但还是被甜甜的美食调包裹，仿佛裹上焦糖、糅合零陵香豆奶油的质感。最终，一阵微风轻轻抚过这幅令人垂涎的画作，载着不凋花微咸的香气。

柑橘（INFUSION DE MANDARINE）

品　牌	普拉达（Prada）
调香师	达尼埃拉·安德利亚 （Daniela Andrier）
上市于	2018 年

　　在果汁与果皮的香气之间，露出一只快乐又还原的橘子。它的果香部分没被削弱，又融入麝香感、明亮清淡的皂感，巧妙地避开食物的联想。接着，逐渐过渡成洁白无瑕的橙花香，被几丝甜没药的香脂气息柔化。圆润的核心没有掩饰橘子的活泼，但抹去了柑橘尖锐或酸涩的特点，只留下了果肉的甜美。

Musks

麝香

Musks

凯瓦公司

　　洁净、舒适、果香、棉柔感……麝香无处不在，从我们挚爱的香水到洗发水和洗衣粉。自19世纪以来，化工学家就与香精行业紧密合作，对麝香家族分门别类地进行了深入研究。凯瓦公司（Keva）现在拥有行业领先的PFW芳香化学品公司（PFW Aroma Chemicals BV），吐纳麝香（Tonalide）最早由它生产。

　　故事始于东京麝香（Tonkin musk）。早在公元5世纪的《塔木德》（又称《犹太法典》）里，麝香就被记载为一种催情剂和药物。麝香由麝的腺囊分泌，这种动物生活在阿富汗、蒙古和越南的山区。

　　麝香粉末的炮制物含20%的麝香酮，这种分子赋予它标志性的甜蜜、动物感香气。每获取1千克麝香粉末就要杀死35头麝——在19世纪末，香水业以吨计地使用这些粉末，背后是一年30万头麝的尸体。这种动物直至1973年被列入《濒危野生动植物种国际贸易公约》的保护物种名单才免于灭绝。东京麝香现已被禁用，由于它温暖、持久的气息很受欢迎，刺激行业开始研发合成替代品。1888年，德国化学家艾伯特·鲍尔获得第一款人工麝香的专利，他在研究三硝基甲苯（TNT）家族炸药时偶然发现了这种麝香。鲍尔的麝香价格只有天然麝香的一半，很快，其他衍生物

身份证 IDENTITY SHEET

四大节点

硝基麝香 NITRATED MUSKS	大环麝香 MACROCYCLIC MUSKS	脂环麝香 ALICYCLIC MUSKS	芳香多环麝香 AROMATIC POLYCYCLIC MUSKS
19 世纪 酮麝香 Musk ketone	20—21 世纪 麝香酮 / 麝香 T/ 十五内酯 Muscone,ethylene brassylate,Exaltolide	1950 年 吐纳麝香 / 佳乐麝香 Tonalide, Galaxolide	1990—2000 年 海菲麝香 / 丝兰麝香 Helvetolide, Sylkolide

历史

麝香是香水行业的基本原料。家族第一个成员东京麝香，是从麝腺体中提取的，麝用这种气味来标记领地。1973 年，麝被列为受保护动物，敦促化学家努力合成了许多麝香化合物。他们的研究基于一个多世纪以来的化工合成经验。使东京麝香发香的麝香酮分子在 1905 年被成功分离，并在 1925 年确定结构。19 世纪末以来，许多具有麝香味的化合物不断被发现，市场不断发展来适应新的风尚以及法律、环保规范。

一只麝体内的麝香粉末平均重达 **25** 克

20 世纪 60 年代末推出的金纺衣物柔顺剂，添加了 **40%** 浓度的佳乐麝香

植物麝香

一些麝香分子天然存在于植物里，比如黄葵里的黄葵内酯（也叫麝香内酯）、白芷里的环十五烷内酯。

麝香家族一览

1893 年
酮麝香

1905 年
麝香酮（人工分离）

1935 年
麝香 T（杜邦公司）

1953 年
吐纳麝香
[波拉克香精公司
（Polak's Frutal
Works），如今为
凯瓦公司]

1962 年
佳乐麝香

1983 年
麝香（奇华顿）

1990 年
海菲麝香（芬美意）

也相继问世，它们被称为"硝基麝香"，包括二甲苯麝香、黄葵麝香、酮等，它们具有粉感和蒸气感香味。然而从长远看来，它们都被证明既不稳定也不安全，部分使用者会触发光敏反应。除了麝香酮通过安全测试，硝基麝香在1981年都被禁用了。

行业常青树

在20世纪50年代，一帮先锋化学家尝试从其他化合物里寻找麝香的芳香分子。库尔特·富克斯（Kurt Fuchs）在1952年发现了第一个多环麝香分子——粉檀麝香（Phantolide），在1954年又发现了吐纳麝香，均为他的雇主波拉克香精公司成功申请了专利。这家公司2011年被香精香料商凯瓦公司收购，后者1922年在印度成立（当时的名称是 S. H. Kelkar and Co.）。凯瓦公司是世界领先的吐纳麝香生产商。首席执行官凯达尔·瓦兹（Kedar Vaze）对自家产品非常自豪："这种分子有优美的粉感果香特征，让人联想到苹果，在高档香水和家清用品中大受欢迎。它也是留香时间最长的麝香之一，可以留香长达7~8周。"这是多环麝香家族的典型特点，其中包括1962年发现的佳乐麝香，让它成为行业的主打产品。这些分子非常稳定、便宜、扩香强且不易被水沾湿，特别适用于衣服洗涤剂和柔软剂，引领出一个全新的家用清洁香氛时代。它们干净的皂感香气已经成为"洁净"的代名词。

洁净又舒适的香味

大环麝香是第三种麝香分子家族。在整个 20 世纪，化工业都在积极寻求接近自然香味的麝香分子，比如麝香酮。调香师的调香盘加入了十五内酯——它有红色果子和紫罗兰香气——还有轻微金属感和蜡感的环十五烯内酯（Habanolide）、黄葵味的黄葵内酯，以及带着琥珀和温暖铁锈味的涅槃麝香（Nirvanolide）。可是科技进步并未降低大环麝香的价格：它们依然昂贵，主要用作高级香水，唯一的例外是巴西酸乙二醇酯（也叫麝香 T），它的香气圆润、温和。大环麝香的另一个缺点是有 10% ~ 50% 的人根本闻不出来它。因此，科学家开始探索其他路子，研发更便宜的分子。20 世纪 80 年代，香水业迎来新一代的"线性"或"脂环"麝香，包括带奶香和果味的海菲麝香、粉感的干枯麝香（Serenolide），以及柔和精致的罗曼麝香（Romandolide）。如今调香师使用多环麝香、大环麝香和脂环麝香的同时，也使用麝香酮，这是唯一一还在商用的硝基麝香。正如凯达尔·瓦兹所说，"这些分子互补运用能发挥最好的效果，因此通常会组合使用"，一同呈现极其洁净又舒适的香味。

3 款麝香香水
Musks in 3 fragrances

白麝香（WHITE MUSK）
品　牌　美体小铺（The Body Shop）
调香师　未知
上市于　1981 年

这款香水以其成分"白麝香"为名，即佳乐麝香。它给作品带来红色浆果的香味特质，而且因为多年来它一直被用在洗衣粉里，能轻松唤起清洁和清新的感觉，皂感的醛又加强了这种印象。谐调由茉莉、依兰和天鹅绒般的桃子组成果香核心——包裹在舒适的白棉花里。基调的香草和木质让这种柔和在皮肤上持续数小时。

原创麝香（ORIGINAL MUSK）
品　牌　科颜氏（Kiehl's）
调香师　未知
上市于　2004 年

麝香谐调的洁净感包裹着一束花香，如果不是因为原始麝香攒动着动物麝香的撩人暗示，这支香明是简单又经典的。洁白如新的床单被子的第一印象背后，我们会发现温暖、骚动，像没洗干净的肌肤上近乎脏的气息。香水就特别在它平衡了模拟自然麝香的野性和白麝香的洁净。

东京麝香（MUSC TONKIN）
品　牌　帝国之香（Parfum d'Empire）
调香师　马克 - 安托万·科尔蒂斯夏托
　　　　（Marc-Antoine Corticchiato）
上市于　2012 年

这支强势又性感的西普香水，就像一个吻落在热辣辣、咸津津的皮肤上。它是迷人、暗黑的夜间魔药，在其中会闻到洁白、肉感、异常耀眼的花瓣香气。这些花甜美、明亮、温柔，混合着树脂和木质香调，让人联想到汗水味的麝香或棕黄色的毛皮。这种谐调近似皮革和动物感，又不像真正的天然麝香那么极端，被美丽的复古氛围包裹，令它的复杂更显优美。

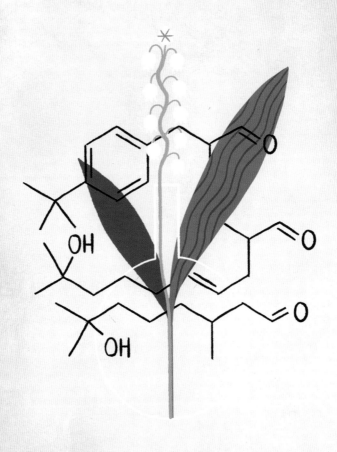

Lily of the valley notes

铃兰

Lily of the valley notes

高砂公司

　　由于目前某些模仿铃兰香气的分子被限制使用，香精行业一直在努力寻找更安全的替代品。日本高砂公司（TAKASAGO）结合白色生物技术与其专精领域分子手性的成果，研发出白铃兰醛（Biomuguet）和白铃兰醇（Biocyclamol）。

　　铃兰是调香师调香盘上不可或缺的一员，但是这种精致的香味无法从脆弱的小白花中萃取。1905 年，羟基香茅醛——第一个铃兰香气分子——被成功合成，这种散发着清新花香气的分子旋即成为高级香水和功能香氛的重要成分。铃兰醛（Lilial）和新铃兰醛（Lyral）也迅速受到市场青睐。首先，它们非常"多才多艺"：不仅能重现铃兰香气，还能模拟各种绿叶调或湿润的花香调。它们性价比还很高，低廉的价格提供高质量的嗅觉体验。因为便宜、扩散和持久性强，它们被广泛使用在家清产品里。但国际香精协会因其会导致皮肤过敏，先后禁用了铃兰醛和新铃兰醛，整个行业不得不研发新的分子来弥补流失的业绩。

绿色化学的先驱

　　高砂公司在 2010 年左右开始推广白铃兰醛和白铃兰醇。企业将创新的白色生物技术——微生物运用在工业生产，结合分子

身份证 IDENTITY SHEET

至今"茉莉花"（Diorissimo）仍被誉为标志性的铃兰香水。埃德蒙·鲁德尼兹卡（Edmond Roudnitska）1956年创作了这款香水，他描述这个作品为"一种对自然的回归，更重要的是，它反映了对配方彻底的新思考"。

妮维雅（Nivea）
面霜
所用
香精含有
10%
的羟基香茅醛
（贝尔斯道夫，
1911年）

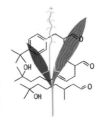

历史
铃兰被称为"哑巴花"，因其无法萃取天然原料，必须使用合成分子来重现其香气。最早的合成分子是羟基香茅醛，这种分子不存在于自然界，但能很好地复刻铃兰花香。后来调香师的调香盘中增加了铃兰醛和新铃兰醛。然而这两种成分现在被发现容易致敏，已经被限制使用甚至禁用，促使研究人员开发出更安全的替代成分，如风铃醇（Lilyflore）、粉状铃兰（Fleurenal）和宁芙铃兰（Nympheal）。2012年，高砂公司申请了一项二氢法尼醛（dihydrofarnesal）的生产专利，这是一种存在于铃兰香气的分子；这个成分是目前市场上唯一产自天然的，并冠以Biomuguet（白铃兰醛）之名销售。

铃兰醛的耐心
1946年，奇华顿德拉瓦纳公司的雇员玛丽昂·斯科特·卡彭特（Marion Scott Carpenter）和威廉·伊丝特尔（William Easter, Jr.）合成出一种香气比羟基香茅醛强10倍的分子，但被认为与后者太相似。直到1956年，玛丽昂才说服调香师去申请这种合成香料的专利，它就是后来畅销全球的铃兰醛，被广泛应用在家清产品里。

家族一览

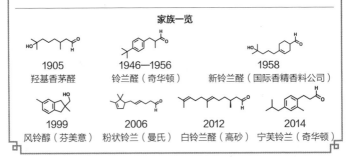

1905	1946—1956	1958
羟基香茅醛	铃兰醛（奇华顿）	新铃兰醛（国际香精香料公司）

1999	2006	2012	2014
风铃醇（芬美意）	粉状铃兰（曼氏）	白铃兰醛（高砂）	宁芙铃兰（奇华顿）

手性技术，分离出分子两种对映异构体形式（左旋或右旋）中的一种，以发掘其嗅觉潜力。早在1983年，由后来获得2001年诺贝尔化学奖的野依良治教授领导的研究团队，就成功实现从松树精油中萃取手性合成的L-薄荷醇，高砂公司一跃成为真正的绿色化学先驱。高砂的商务总监塞巴斯蒂安·昂列（Sébastien Henriet）说道："我们能生产出白铃兰醛和白铃兰醇，是因为一种天然原料——蔗糖。我们用了一种受日本料理启发的传统酵母发酵技术，获得了α-法呢烯，再将其运往日本，在我们的手性柱中加工处理，生产出白铃兰醛和白铃兰醇。"这两种分子结构相似，但具有不同的气味特征，它们不能算天然成分，因为最终阶段还是基于化学合成。但它们是百分之百可再生、可生物降解的。

扩散和持香

白铃兰醛拥有铃兰青绿、水润的特点，而白铃兰醇则让花香在几小时里持续扩散和持香，于是非常适用于洗涤用品。高砂全球香料成分销售和市场营销副总裁李洪珠（Hong Joo Lee）也特意提到："找到与铃兰醛和新铃兰醛一模一样的分子是不可能的，用替代品就意味着调香师必须修改配方，但白铃兰醛和白铃兰醇确实提供了新的解决方案。"

"白铃兰醛和白铃兰醇带来
让我非常喜爱的抽象美感"

专访／奥雷利安·夏吉尔

奥雷利安·夏吉尔（Aurélien Guichard）在格拉斯出生、长大，2018 年加入高砂公司，后来在奇华顿和芬美意担任过调香师。他创作了纳西素·罗德里格斯的同名香水（Narciso）、古驰的"罪爱"（Guilty）还有他自创品牌马蒂埃的"悦后即焚"（Encens Suave) 和"不败玫瑰"（Radical Rose）。

你会怎么描述白铃兰醛和白铃兰醇的香气？

两种都是青绿花香调。白铃兰醛比较柔和，带着雨后的臭氧味；我觉得它非常自然，类似挤压百合、铃兰、木兰这些白花的花瓣之后散发的香气。白铃兰醇则持香惊人。

这些分子在香水里扮演什么角色？

传统铃兰香调里的青绿感、白花味和动物感会带来一定的厚度。相反，白铃兰醛和白铃兰醇香气清透，是一种我非常喜爱的抽象美感。它们赋予作品柔软、轻盈和整体感，打磨掉尖锐的边角，弱化某些青绿或柑橘香调的一丝粗糙感；让作品更有结构、节奏、现代感和丰富层次。它们又能辅助其他成分，你可以将它们视作天然材料的强化剂。

你会用它们调配什么风格的谐调？

它们抽象的花香特质特别适合调配女香，可以柔化木质或西普调。比如我创作的"琥珀霞光"（Narciso Eau de parfum ambrée）就用了白铃兰醛。在这支我想象成雕琢光芒的作品里，我把它和木香、麝香香调结合起来。我觉得铃兰和麝香是绝配，因为两者有很多共同点，比如纯净、洁白、圆润和抽象。

3 款铃兰香水

Lily of the valley notes in 3 fragrances

茉莉花（DIORISSIMO）

品　牌	迪奥（Dior）
调香师	埃德蒙·鲁德尼兹卡 （Edmond Roudnitska）
上市于	1956 年

　　"茉莉花"是一支风格化的铃兰，它试图捕捉那种春天采花的情绪，而非还原花本身。在高亢的开场，绿香与依兰空灵的香气打造出轻灵的画面，像多汁的梨子一样清新爽朗。绿意接着变得更脂粉，低调的木质温柔地完善了这场林间漫步的体验，迷人的魅力依旧如初。

无尽之水（AQUA UNIVERSALIS）

品　牌	梵诗柯香 （Maison Francis Kurkdjian）
调香师	弗朗西斯·库尔吉安 （Francis Kurkdjian）
上市于	2009 年

　　前调是清透水润的柑橘——能闻到柠檬、香柠檬和枸橼，一把把盈盈发光的小苍兰、桔梗和铃兰组成的抽象花束打散。紧接着，丝绒般的麝香包裹在干燥简洁的木香里，组成这款普世又隽永的香味。它非常适合那些你不想穿香水可又想闻起来清爽干净的日子，像在炎热的夏夜洗个冷水澡，滑进刚洗干净的床单里。

巅峰（APOGÉE）

品　牌	路易威登（Louis Vuitton）
调香师	雅克·卡瓦利耶·贝勒特吕 （Jacques Cavallier Belletrud）
上市于	2016 年

　　透明、缥缈，略带水汽的铃兰花香为它开场，佐以柔和又清爽的橙子和橘子。清新剔透的光环笼罩着更华丽的花香——玉兰、茉莉、玫瑰，这支春日花卉交响曲最终盖过了那铃铛小白花娇嫩的气息。基调的白麝香和愈创木给花香增添了一种壤感和光泽。

Patchouli

广藿香

Patchouli

万芳香公司

万芳香公司（Van Aroma）总部在印度尼西亚，是世界领先的广藿香制品生产商，主要产品是精油。这家年轻的公司和当地生产者建立了紧密的合作关系。

万芳香公司的总监阿尤什·特克里瓦尔（Aayush Tekriwal）说："让广藿香回归昔日地位并不容易。"万芳香公司的广藿香精油及其他衍生物，年产量有 600～750 吨（全球年产量是 1200～1400 吨）。他说："目前超过 80% 的原料来自苏拉威西岛，这是印度尼西亚群岛五大岛屿之一。那未来呢？广藿香可能会移至婆罗洲或它的东部地区种植，那里有少数农民已经开始种植了。"他简述了自己每天面临的挑战：灵活应变，适应这种容易耗竭土壤的作物；与公司数百千米之外的生产商保持紧密联系；同时改进行业道德和可持续规范。"万芳香公司是一个家族企业，由我父亲和他的合伙人在 2006 年创立，目标是成为最值得信赖和可持续发展的印度尼西亚本土精油生产源头。在万芳香公司之前，我父亲在全球做香料和草药贸易，万芳香公司自然成为他业务线上的增值项目。"阿尤什·特克里瓦尔说道。除了加工广藿香，万芳香公司还生产其他精油（香茅、依兰、肉豆蔻、丁香、柠檬草、姜和香根草等精油），以及植物萃取物（比如咖啡、可可、姜、黑胡椒和荜澄茄）。通过向芳疗业、香水业和食品业

身份证 IDENTITY SHEET

拉丁学名
Pogostemon cablin

常用名
Patchouli

科属
唇形科

采收期
全年

萃取方式
水蒸馏法

蒸馏时间
8~12
小时

产出率

50 千克
广藿干叶

▼

1 千克
精油

词源

广藿香（Patchouli）源自泰米尔语的 *paccai*（"绿色"）和 *ilai*（"叶子"），也可能经由英语的 "patch-leaf" 演变而来。拉丁学名里 *cablin* 据说源自菲律宾语的 *cablam*，意即广藿香。

历史

广藿香原产自菲律宾，喜爱亚洲热带地区的高温和湿度。广藿香很消耗土壤养分，19 世纪马来西亚开始种植这种植物，几十年内逐渐遍布印度尼西亚群岛。也是在这个时期，欧洲人发现了它独特的香气，这得归功于他们从印度进口的羊绒披肩：人们将广藿香叶夹在披肩之间防虫蛀。有香味的织物比没有的更受欢迎，这种原料随之成为调香师调香盘的一分子。

香气特征

木质、泥土、烟熏、有利口酒风味，带着甜菜根、苹果、霉菌和酒窖的气息，还能唤起巧克力、皮革、薄荷和甘草的联想。

产地

危地马拉、卢旺达、马达加斯加、印度、马来西亚、印度尼西亚

一株广藿香平均需要
2~3
年育成

主要化合物
广藿香醇
Patchoulol

▼

α - 广藿香烯
Alpha-patchoulene

▼

去甲广藿香烯醇
Norpatchoulenol

▼

Nortetracyclo-广藿香醇
Nortetracyclo-patchoulo

19 世纪的妓女喜欢在衣服上沾上广藿香，这股招摇的气味让妻子们知道，她们的丈夫昨晚抱着谁一度春宵。广藿香因此曾被视为下流的香水，只有放荡的女人才用；到 20 世纪 60 年代末又被嬉皮士追捧，它的香气可以掩盖大麻的味道。

供应这些原料，公司短短 15 年内就成功占据了市场一席之地。万芳香公司在六个地点拥有 160 名固定员工：苏门答腊两个分公司，苏拉威西三个分公司，以及位于爪哇岛雅加达附近的博戈尔总部。

最轻盈的精油之一

"我的衬衫洗之前更好闻，因为回家前它们就被广藿香腌入味了。"阿尤什·特克里瓦尔笑道。他承认更喜欢参与产品测试环节，而不是回电子邮件和参与生意事务。万芳香公司通过整合不同产区的精油，建立起几种广藿香的标准化等级，而且生产商可以直接在农场进行蒸馏。在技术创新方面，万芳香公司通过一种独特的分子蒸馏工艺，生产出市场上最轻盈的广藿香精油之一，而且完全不改变它的芳香成分，这个技术被列为公司机密。它也是少数可以生产广藿醇的公司之一，这种分子赋予广藿特有的木质、樟脑香气。

油管（YouTube）上的互助和良好实践

广藿香叶由长期和万芳香公司合作的农民采收，其中超过四分之三的人在苏拉威西岛，其余分布在苏门答腊和爪哇。每千克精油的采购均价在 50～55 美元。"我们出价不会太低或太高，要避免任何贬值或炒高。作为领头的广藿香精油生产商和出口商，我们得尽全力维持供应链和市场价格稳定。因为我们不仅仅是买家，我们的工作还包括在上游解决农民的问题。"这里的农民大多数实行混合农业作业，广藿香的种植面积很少超过 1 公顷。农民需要鼓励和支持。这种植物需要细心养护，对营养需求很高：种过两三年广藿香

的土地，养分会耗尽。农民需要支援，这样他们才不会换着种不同作物，或完全转去种类似香蕉、玉米、姜、姜黄和柠檬草这些更持久的作物。

万芳香公司以长期双赢为目标，在 2020 年 6 月创建了脸书（Facebook）群组——"广藿香百科"（原文为 Nilampedia。在印度尼西亚语里，"nilam" 就是"广藿香"）。这个平台是和德之馨合作创建的，用于分享行业信息、交流看法，现在已有超过 2000 名成员，而且基本都是农民。它免费提供关于良好农业措施的讨论平台，分享生物动力肥料的配方、关于幼苗护理和植物疾病预防的建议等。还专门开了油管频道发布"由农民为农民制作"的视频教程，分享易操作且成本低的心得。除了有教育意义，做这些更是为了尊重土壤和生态系统、守护广藿香的未来。

尊重土地并回馈

像万芳香公司这样的公司，最关键的环境判断标准是废水管理。废水通过一系列处理法——包括复合微生物菌种、臭氧氧化工艺，还有碳过滤器进行净化。除了日常水质分析，过滤水中的游鱼会在出现情况时发出警报。这家公司还实施了多种减少碳足迹的做法：使用热交换器和低燃耗、有清洁标示的超临界二氧化碳萃取法以及使用食品级乙醇作为溶剂。"这片肥沃、天赐的火山地赐予了我们太多。我们也同样要尊重并回馈它。"阿尤什·特克里瓦尔如是说。

3 款广藿香香水
Patchouli in 3 fragrances

广藿香女士（PATCHOULI）
品　牌　回忆（Réminiscence）
调香师　莫里斯·索齐奥
　　　　（Maurice Sozio）
上市于　1970 年

这部伟大的经典作品展现了广藿香所有的香气特质，直达它充溢着壤感、霉菌斑的暗黑面。前调莉口酒香的谐调引出苦涩的檀香木和一点雪松，干燥和烟熏感满满。广藿香随之展现出腐殖质、干草、香根草甚至汗水感的气味。尾调岩蔷薇和吐鲁香脂散发药感和树脂气息，而香草和零陵香豆赋予基调些许美食感。

天使（ANGEL）
品　牌　穆勒（Mugler）
调香师　奥利维耶·克雷斯普
　　　　（Olivier Cresp）
上市于　1992 年

穆勒最初构想出这颗著名的"蓝星"时，希望这款香水能让他回忆起童年时的集市。"天使"因为加入超量的乙基麦芽酚——一种有焦糖、果仁糖和烤面包香味的分子——被认为是美食调香水的开山鼻祖，它突出了广藿香的巧克力香气侧面。后者有暗黑的泥土气味，和乙基麦芽酚制造了一种嗅觉上的冲突，如此浓烈又奇妙的气味让这支香水注定成功。

广藿之韵（TEMPO）
品　牌　蒂普提克（Diptyque）
调香师　奥利维耶·佩舍
　　　　（Olivier Pescheux）
上市于　2018 年

为了庆祝品牌第一支香水诞生 50 周年，"广藿之韵"在向 20 世纪 60 年代的标志性原料致敬。于是本作的核心就是广藿香，它拥有多重面相：粉红胡椒、快乐鼠尾草和马黛茶突出它的草本芳香与辛辣感，而香脂和紫罗兰叶更显其慵懒。它随后又呈现苔绿色、经典而厚重的西普感，夹杂干燥、不失活力的木质气息。

Pine derivatives

松树衍生物

Pine derivatives

树脂萃取工艺公司
（芬美意集团）

二氢月桂烯醇、海菲麝香、龙涎酮、香茅醇……萜类衍生物种类繁多。这些原料在调香师调香盘上的占比高达 10% ~ 20%，而且还在一路增长。芬美意精心设计的将树转化成分子的工艺，可以说是实践循环经济的完美范例。

从沼泽到密林

法国南部的朗德省大约 200 年前还是一片沙丘和沼泽地。每年沙地都向内陆蔓延几米，还带来了死水、蚊子和疾病。到了 18 世纪，种植松树被宣传成理想的解决方案，因为没有别的物种能在如此恶劣的环境中扎根。拿破仑三世在阿基坦大区（Aquitaine）——主要是巴约讷（Bayonne）、波城（Pau) 和滨海夏朗德省（Charentes-Maritimes）南部之间的三角区广植松树。树脂萃取工艺公司（Les Derives Resinique et Terpeniques，芬美意集团旗下公司，简称"DRT 公司"）的企业社会责任和机构关系负责人克里斯托夫·马尔桑（Christophe Marsan）说道："我们经常讨论人类活动如何破坏环境。"松树的故事与本地每个家庭密切相关，这些居民大多是子承父业的林业工人。松木曾经被用作煤矿里采矿车铁轨的枕木，如今人们用它们做家具、托盘，建房子。顶级的余料用来造纸。

身份证 IDENTITY SHEET

历史

松树最早出现在 1.9 亿到 1.36 亿年前的温带地区，现在已经遍布全球，从极地圈到热带。基于地理位置和气候条件不同，每个大陆都分布不同的松树品种。传统的松树采脂方法会得到一种树脂渗出物，经过萃取和蒸馏后分离出两种物质：一种是无气味的固态松香，用作胶水或黏合剂；另一种是有香味的液态松节油，可用作涂料、清漆和香水的溶剂。德国化学家奥古斯特·克库勒（August Kekulé）在 1863 年分析了松节油的成分，把包括针叶植物在内的植物产生的烃类家族命名为"萜类"。19 世纪中叶，美国南方开始系统地加工树脂。这项贸易最终传播到其他大陆。在 20 世纪，一种新工艺被研发出来取代了旧工艺：从造纸工业的一种副产品——粗硫酸松香油——中萃取松树衍生物。

主要化合物

主要成分

α - 蒎烯
Alpha-pinene

β - 蒎烯
Beta-pinene
3- 蒈烯
Delta-3-carene

次要成分

单萜类

柠檬烯 limonene
樟脑萜 camphene
萜品油烯 terpinolene
β - 水芹烯
beta-phellandrene
月桂烯 myrcene

含氧化合物

松油醇 terpineol
草蒿脑 estragol
茴香脑 anethol

重萜类

双萜 diterpene
倍半萜 sesquiterpene
长叶烯
longifolene
石竹烯
caryophyllene

2019 年造纸业所用松树总量

320 000 000
吨

全球每年生产的松香总量

160 000
吨

全球每年生产的粗硫酸松香油总量

190 000
吨

拉丁学名及产地

❶
Pinus sylvestris
产地：
加拿大、
斯堪的纳维亚、
俄罗斯

❷
Pinus elliottii
产地：
美国、巴西、阿根廷、
津巴布韦、南非共和国、
澳大利亚

❸
Pinus massoniana
产地：
中国、越南

❹
Pinus radiata
产地：
智利、西班牙、
肯尼亚、澳大利亚、
新西兰

❺
Pinus pinaster
产地：
葡萄牙、法国

精打细算的树

新种苗 3 厘米高，需要人工以间距 1.2 米、行距 2.5 米的株距种下，让它们能充分分享受充足的光线。小树被种下，会先接受第一波营养——钙和磷，它们可以平衡酸性土壤的 pH 值；待 5 年后再下第二剂。剩下的交给阳光和时光。松树只需要很少的水：根系垂直延伸，深入地底吸取所需水分。30 岁的成熟松树每天消耗 250 ~ 300 升的水，相比之下，橡树每天要消耗 700 ~ 800 升。随着树木长大，林木工人定期选择性地每隔一棵树砍去一棵来疏松株距，只留下树干最笔直的。砍下来的木材卖给造纸业。15 年后，再修整剩余的树。

伐木历来是当地居民重要的经济来源，他们的生活也以伐木为中心。如今，这些林地被划分成约 50 公顷的地块，幼苗与成熟的

松树交替种植来确保稳定的收入和木材供应。"木材不能供过于求，"克里斯托夫·马尔桑补充说，"2009年有一场飓风，很多松树被连根拔起。林业员以创纪录的速度把这些松树砍好，再给木头喷水使其不至于干死。这样他们就能调动木材供应，满足传统产业的需求。"

林木管理与供应链

松木资源很少短缺：林地按照森林管理委员会（FSC）和森林认证推广计划（PEFC）的指导方针管理，规定每砍伐一棵树，必须补种一棵，确保种植是尽责的且可持续的。

20世纪70年代以前，松树通常长到45岁、高30米、直径2米左右才能砍伐。新的杂交技术让树干长得更直，而且平均采伐树龄降到35岁。树干锯成2米长的木块再送到锯木厂，其余木料送去造纸厂。树桩经过6～9个月的干燥，磨碎了用作生物质燃料。松木有两大天敌：松材线虫和火灾。前者是被甲虫传播到松树上的寄生蠕虫。

它们寄生在树皮下，引发松树萎蔫病。而最严重的一次山火发生在 1949 年，一场大火烧毁了 52 000 公顷的林地，造成 82 人死亡。那次之后，该地块被定期维护的防火道划分开来。

从造纸厂走向调香盘

木材被切割得薄薄的，加热，再用化学方法制成纸浆。松木能造出高强度的棕色纸，借网络购物兴起的东风以及网购的包装需求，这种纸目前非常受欢迎。这种富硫工艺会产生一种有刺激性气味的液体副产品。"我们的技术专长在于将液态 CST——也叫粗硫酸盐松节油——转化为芳香化合物，"芬美意的全球原料运营高级副总裁吉勒斯·奥登（Gilles Oddon）解释道，"粗硫酸盐松节油含有必须去除的单萜烯、倍半萜烯和硫衍生物。液态物成分取决于来源地和所用的松木品种。"

粗硫酸盐松节油会在朗德省本地两个工厂——旧圣日龙（Vielle-Saint-Girons）和卡斯泰（Castets）——进行几日的提制。经过一系列工艺分离出的主要化合物，就是现代香水的重要成分。

三种主要化合物

α-蒎烯通过环保方法处理后会合成出一系列分子，包括二氢月桂烯醇、松油醇以及合成檀香的成分，比如大唐檀香（Dartanol）、白檀醇（Sanderol）、黑檀醇（Ebanol）、尼凡诺（Nirvanol）、聚檀香醇（Polysantol）、芬美檀香（Firsantol）、白雷曼檀香（Sandalmysore Core）和檀香醚（Florsantol）。它还通过中间产物"Cyclademol"产生两种合成麝香：海菲麝香和罗曼麝香。

β–蒎烯被转化为月桂烯，为两大香调生成了：木质调化合物，比如龙涎酮、高级龙涎酮和赛维龙涎酮（Sylvamber）；花香调化合物，比如香叶醇、乙酸橙花酯、乙酸香叶酯、橙花醇、香茅醇和乙酸香茅酯。3–蒈烯很少在香水里使用，主要应用在轮胎、黏合剂等多萜树脂里。

循环经济

松树衍生物是优秀的循环经济典范。"循环经济里每个行业产生的废料都为另一个行业所用：纸张、香水、工业应用。"吉勒斯·奥登总结道，"我们现在通过两个项目推动创新。一个是'Green Gate'，大大提高了我们原料库中可生物降解和可再生成分的比例，未来研究重点会放在研发符合绿色化学和生物技术原则的新成分。我们第二个项目'Sylver Green'，旨在将香水制造的石化基础转为可再生能源，计划到2030年比例从50%提高到70%。2022年，我们将推出基于松树萜类生产的第一个100%可再生碳香茅醇。"升级回收、可再生能源、绿色化学——松树衍生物展示了香水制造的未来。

Black pepper

黑胡椒

Black pepper

奇米迪斯公司

为了向客户提供黑胡椒精油，法国原料供应商奇米迪斯公司一直与香精巨头里的小国马达加斯加密切合作。

奇米迪斯公司精油部门主管蒂埃里·杜克洛对他手头的马达加斯加胡椒精油和胡椒粒浓郁的香气赞不绝口："香味太棒了。你闭上眼睛，会以为自己跳进了一包干胡椒里。""这里是最受高端香水追捧的胡椒产地，其他产地的胡椒会有一点点不讨喜的'鱼腥'味。"马达加斯加每年生产 4000 吨胡椒（越南则是 260 000 吨，巴西是 90 000 吨，印度是 60 000 吨）。它并不是全球最大的黑胡椒产地——黑胡椒原产于印度的马拉巴尔（Malabar）。但奇米迪斯公司选择了这个岛国作为原料源头，它的产品目录中还包括其他几种产品——依兰、丁香和香根草。

奇米迪斯公司成立于 1988 年，接手了 1896 年成立的家族企业马塞尔·卡雷公司（Marcel Quarré et Cie）。奇米迪斯公司现在营业额已达到 1 亿欧元，公司在巴黎郊外的勒瓦卢瓦 – 佩雷（Levallois-Perret）和格拉斯，拥有大约 80 名员工，业务是原料加工并再分销给约 30 个国家的制药、化妆品、高级香精和食品工业。"我们能脱颖而出，是因为我们扮演好了连接在地生产者和下游客户的角色，下游客户只跟我们签合同，我们自己既不生产任何东西，也不在公司

拉丁学名
Piper nigrum

常用名
Black pepper,
pepper

科属
胡椒科

采收期
4月/5月/
6月/7月/
10月/11月

萃取方式
水蒸气蒸馏

蒸馏时间
6
小时

产出率
2%
~
3%

香气特征
浓烈、木质、
松香味、振奋

词源
胡椒（*Piper nigrum*）一词从梵文"*pippali*"（长胡椒）演变成希腊语"*peperi*"，再变成拉丁语的"*piper*"。

历史
黑胡椒是一种攀缘状植物，原产于印度的马拉巴尔海岸。它需要天然或人工支撑物生长。公元642年阿拉伯人征服亚历山大港后，黑胡椒在西方成了最早作为商品交易的香料之一。在中世纪的欧洲，它甚至稀有到曾被当成一种货币。18世纪，一位叫皮埃尔·普瓦夫尔（Pierre Poivre）的植物学家把胡椒引入毛里求斯，法语中"胡椒"（poivre）一词可能就是以他的名字命名的！

马达加斯加每年生产
4000
吨 胡椒

产地
巴西、马达加斯加、
印度、斯里兰卡、
泰国、马来西亚、
柬埔寨、越南、
印度尼西亚

主要化合物
β - 石竹烯
Beta-caryophyllene

丁子香酚
Eugenol

α - 蒎烯
Alpha-pinene

β - 蒎烯
Beta-pinene

柠檬烯
Limonene

根据采摘和干燥时间不同，胡椒属植物会产出四种不同的胡椒：青胡椒是未成熟的浆果；红胡椒要在9个月时采摘；收获胡椒后晒干会得到黑胡椒；白胡椒则是要把黑胡椒浸泡后去除黑色外壳再干燥获得。

内部进行类似超临界二氧化碳萃取之类的加工。我们的专长是调配和配方。"蒂埃里·杜克洛解释道。在马达加斯加，小规模种植者用传统方法采摘和蒸馏黑胡椒。胡椒到第 4 年就顺着支柱爬蔓——支柱可以是活树、木桩或砖柱。藤蔓一年开花两次，成熟的果实会从绿色变为红色的果串。胡椒开花后 7 个月就可以采收了，一般从 4 月到 7 月、10 月和 11 月。采收后把果子平摊在垫子上晒干，直到变成深棕色，再按密度，从每升 300 克到每升 600 克进行分选。胡椒要做两次蒸馏。浆果进行第一次蒸馏，再返回蒸馏器进行二次蒸馏。这样生产出的精油有独特的淡蓝色，这是马达加斯加胡椒的特点。

品控标准化

"以前不同的蒸馏厂产品质量差异极大，大约 20 年前，品控

对我们来说还是难题。要得到1吨的胡椒精油，我们不得不调和多达20个批次的精油，每批香味品质差别还是很大。"奇米迪斯公司如今可以保证相当高的标准化品控，好到他们不再需要给买家发样品。他们筛选出一些能产出高质量精油的种植者，实现了品控标准化。"2016年至今，我们主要用岛上东南部的一家供应商。这个合作让我们的产品提升了一个档次，他们从种植阶段就保障质量一致，每6株藤安装了5000个砖柱——总共30 000株胡椒。"在这个国家，农民仍以传统家庭小作坊为单位耕作，像这样开发大型的种植园，意味着整个村庄都可以依靠种胡椒谋生。"他们的收入更加稳定：农民变成了雇员。"蒂埃里·杜克洛指出了与农民携手共赢的重要性。胡椒种植有一点也会像丁香一样，得到大力支持：奇米迪斯公司曾资助当地种植了25 000棵丁香树，提供只需要一半木材燃料的蒸馏器。他们还为当地挖井，提供干净的饮用水，保护当地儿童免受介水传染病侵害。"我们会永远照顾我们的供应商。如果他们决定种植别的原料，我们会帮助他们准备。"与农民建立长期关系也意味着制定一种支付标准，抵御价格波动。"我们的角色是控制价格，避免暴涨和下跌，弱化市场波动。"蒂埃里·杜克洛回忆起2017—2018年。当时由于印度和越南这两大胡椒市场收成不好，每千克精油成本飙升到170欧元——现在是90～100欧元。"这个价格的原料对调香师来说就是高不可攀，结果是双输。我们的目标有两个：保障马达加斯加胡椒种植者长久发展，也为我们的买家提供稳定的价格和稳定的品质。"

3 款黑胡椒香水
Black pepper in 3 fragrances

椒香丝路（POIVRE SAMARCANDE）

品　牌	爱马仕（Hermès）
调香师	让 - 克洛德 · 埃莱纳 （Jean-Claude Ellena）
上市于	2004 年

"椒香丝路"是向乌兹别克斯坦著名古城撒马尔罕的致敬，这儿曾是丝绸之路上的重要贸易站，胡椒也是世界上最常见的香料之一。这款香水是闻香系列最早推出的四款之一。优雅、干燥、辛辣的配方让黑胡椒添上红辣椒的余韵，尾调化作舒适、温暖的麝香和烟熏感基调。这是简单的木质香的精彩变体，暗黑、肃穆、简洁、微妙。

宣言之夜（DÉCLARATION D'UN SOIR）

品　牌	卡地亚（Cartier）
调香师	玛蒂尔德 · 劳伦特 （Mathilde Laurent）
上市于	2012 年

调香师玛蒂尔德 · 劳伦特为日常会喷"宣言"的男士构思了这款夜间香氛，为他带来一种辛辣、金属质感的花香。这款深邃的香氛以胡椒、豆蔻、肉豆蔻和孜然的爆发开启，渐渐演化成洋溢着果香、蜂蜜香调的大红玫瑰，它尖冷的刺划过你的皮肤。刺痛迅速被奶油般柔和的广藿香和檀香木安抚，宛如带丝绒内衬的皮草。

黑胡椒（BLACKPEPPER）

品　牌	川久保玲（Comme des garçons）
调香师	安托万 · 迈松迪厄 （Antoine Maisondieu）
上市于	2016 年

这首赞美黑胡椒的颂歌，以尖锐的、萜烯清新的柠檬樟脑气息直冲鼻腔。随之柔化转为优雅的、烟熏皮革和零陵香豆气息。胡椒最终温顺地依偎在洁净、干燥的木质与轻盈舒适的麝香中，仿佛提醒我们，香料的烈焰总会消隐成宜人的温柔。

Damask rose

大马士革玫瑰

Damask rose

罗伯特香精香料公司

罗伯特香精香料公司 60 多年前就在土耳其厄斯帕尔塔（Isparta）地区种植被誉为"花中女王"的大马士革玫瑰，这里肥沃的石灰质土壤最适合玫瑰生长。这个地区独特的地理条件和种植经验使玫瑰品质备受追捧。

在布尔杜尔湖畔的塞尼尔村（Senir）不远的地方，人们正忙着准备采摘玫瑰。前夜冻得冰冷的土地被第一缕阳光照暖。山谷的心脏地带海拔 1000～1200 米，早晚温差极大。雾、阵雨和晴天倒是这种经不住风吹霜冻的玫瑰的理想生长条件。

一大群戴着五彩缤纷头巾的妇女走来，她们即将改变田野的颜色：她们手一转，宛若施法，盛开的粉红花蕾就成了一大片绿地。从 5 月中旬到 6 月中旬为期 40 天的采收期，随着花田里粉色与绿色来回交替的节奏，时间的痕迹被标记。

40 天的辛勤劳作

玫瑰需要定期照料：耕田、除草、松土、修剪和剪枝。娇弱的它需要人一直密切关注，以防没完没了的蚜虫、蜘蛛和其他寄生虫害。不过大部分工作都集中在采摘前后 3 个月内。作为罗伯特香精香料公司的关键原料，大马士革玫瑰的优先级高于其他所有作

身份证 IDENTITY SHEET

拉丁学名
Rosa damascena

常用名
Damask rose,
Kazanlak rose,
Damascena rose

科属
蔷薇科

采收期
5月/6月

萃取方式
水蒸馏法
挥发性溶剂萃取

萃取时间
1~2
小时

产出率

3.5 吨
鲜花

600 千克
鲜花

1 千克
精油

1 千克
净油

词源
玫瑰（rose）从拉丁语名词"*rosa*"而来，意为"玫瑰"；形容词"*damascenus*"指代波斯城市大马士革（今属叙利亚），是这种花的原产地。

历史
虽然波斯有 2000 年的玫瑰水制作传统，但玫瑰精油据称是莫卧儿人在 1612 年前后创造的。大马士革玫瑰的人工种植始于 18 世纪末的保加利亚，它由欧洲和亚洲品种杂交养成。在 19 世纪末期，它被引进到土耳其的安纳托利亚高原西部地区，即布尔杜尔和厄斯帕尔塔地区。

香气特征
花香、馥郁、甜美、果香。净油的蜡质、蜂蜜感更重；精油更为清新。

产地
摩洛哥、突尼斯、保加利亚、摩尔多瓦、土耳其、伊朗、印度、俄罗斯、中国

主要化合物
香叶醇
Geraniol

香樟醇
Linalool

香茅醇
Citronellol

苯乙醇
Phenethyl alcohol

玫瑰醚
Rose oxide

β - 突厥酮
Beta-damascenone

β - 紫罗兰酮
Beta-ionone

**土耳其的
玫瑰种植面积达**
5000~
10 000
公顷

土耳其有
10 000
个家庭
以种植
玫瑰为生

物。第一批花蕾一开放，整个团队就开始跟着花的节奏行动。要检查每一个参数，每天统计的数据——温度、天气、花的数量、萃取率等——都被记录下来，这样能更好地了解和规划正在进行的采摘工作。玫瑰要在清晨采摘，趁花蕾刚刚开放，用手指捏住花萼基部揪下。采收期慢慢开始，但节奏会越来越快，采收高峰期有时一天要处理 90 吨的鲜花，一个工人每天能采 10～20 千克花苞。下一步蒸馏要和时间赛跑，尽量每次多蒸馏一些。玫瑰也必须在半天内加工，以免氧化变质。为了保持这个进度，卡车和拖拉机队伍将不断往返把装满麻袋的玫瑰送到工厂。如果花来不及立即进蒸馏罐，就得铺在飞机库地板上，技术人员用干草叉翻抖透气。鲜花通过水蒸馏工艺加工成精油，通过挥发性溶剂萃取技术加工成玫瑰净膏。这些产品会送去格拉斯进行最后的加工：生产出净油，最后的调整，脱色和分子蒸馏。

花开两地，香气迥异

土耳其玫瑰精油会散发很有冲击力、上扬、有时略带金属感的胡椒味，而保加利亚玫瑰则以更甜美、让人联想到朝鲜蓟的果香特质著称。产品的香气特征也受工艺影响：精油里玫瑰头香浓度更高，更贴近鲜摘的花朵。溶剂萃取工艺让净油有更重的蜡质、动物感、浓郁的蜂蜜质感。

"萃取方法
还是传统的"

专访 / 朱利安·莫贝尔

朱利安·莫贝尔（Julien Maubert）是家族第五代的罗伯特香精香料公司员工，现担任原料部门负责人。公司渴望将传承与创新结合，把久经验证的传统方法与可持续溯源并行施行。

你们如何组织玫瑰产品的供应链？

土耳其和保加利亚的业务差不多，公司意图都是尽可能接近原产地。20世纪60年代，我们就在土耳其的凯奇博尔卢市（Keçiborlu）开了公司，2013年又在保加利亚的下塞内斯市（Dolno Sahrane）设了分公司。我们希望保障像玫瑰这种战略性产品的可追溯性和品质。我们的梦想是在南半球建立第二个种植区，这样一年能有两次收成。

整个行业都在讨论的可持续性，在罗伯特香精香料公司扮演了什么角色？

处理天然原料时，可持续性尤其重要。这个概念现在虽然可能被滥用了，但它一开始就是我们企业哲学和血统的一部分。种植玫瑰的过程，可持续性涉及社会和生态问题，例如我们如何保障工人全年的收入，我们如何向在地团体传授技能、分享良好的农业规范。我们为此花了很多时间讨论如何限制农药的使用、如何用黄麻袋替代塑料袋等问题。土耳其和保加利亚对这些问题越来越敏感：保加利亚已经在实施劳动时间制度，以避免违法的超量工作。

玫瑰还有什么创新工艺吗？

萃取方法还是传统的，就是蒸馏和溶剂萃取。创新更多集中在原料加工技术上，包括脱色和消除甲基丁香油酚（受法规限制）。我们也在探索升级回收，包括纯露回收、萃取苯乙醇及其他副产品，比如蒸馏玫瑰花瓣得到的净油。

3款大马士革玫瑰香水
Damask rose in 3 fragrances

芳香精粹（AROMATICS ELIXIR）
品　牌　倩碧（Clinique）
调香师　伯纳德·钱特
　　　　（Bernard Chant）
上市于　1972年

　　这支层次分明的花香西普香水以带着酒香、醇厚的玫瑰与湿木头般的广藿香开场。前者有天竺葵、马鞭草和洋甘菊的绿意芳香修饰，橡木苔、香根草以及芫荽和丁香这样的辛香料支撑广藿香的暗面，让花香层次更丰富。这支细节复杂又平衡的华丽大作在香脂的余韵中落幕。

蔻依淡香精（肉丝带）
（CHLOÉ EAU DE PARFUM）
品　牌　蔻依（Chloé）
调香师　米歇尔·阿尔美拉克（Michel Al-mairac），A. 克莱克－马里（A. Clerc-Marie）
上市于　2008年

　　蔻依同名淡香精推出时，品牌提到它像"在玫瑰园里漫步"，传神地形容了这束湿润、自然的玫瑰花，它轻盈、清新如同晨露。玫瑰女王被铃兰、辛辣的粉红胡椒和多汁的荔枝簇拥，一丝蜂蜜气息轻轻拉长了青绿辛辣的花香。本作的变化一路清新、优雅，慢慢融入琥珀感雪松，透出干净的粉感麝香。

贵妇肖像（PORTRAIT OF A LADY）
品　牌　馥马尔香水出版社
　　　　（Éditions de parfums F. Malle）
调香师　多米尼克·罗皮翁
　　　　（Dominique Ropion）
上市于　2010年

　　馥马尔先生和多米尼克·罗皮翁发现"天竺葵先生"抽出某些元素可以做一支现代东方调香水的核心，就着手试验加入超剂量的玫瑰精油和玫瑰净油的效果。辛辣调料、麝香、乳香和广藿香带领玫瑰进入中东宇宙，同路的还有焚香、琥珀和树脂木质。这是一支香气卓绝、独特又极其持久的作品。

Sandalwood

檀香木

Sandalwood

澳大利亚如今已超越印度——神圣的檀香木的原产地——成为檀香木的最大产地。作为世界领先的檀香木出口商，昆特斯公司（Quintis）制定了长期发展战略来保障精油产能和价格的稳定。

鸟瞰他们的厂区，眼前的全景令人叹为观止：檀香木种植区一望无际，赭色的道路纵横交错。在地面有身着橙色衬衫、百慕大短裤，头戴宽边帽的男男女女在树荫下工作。这些工人在安装树干传感器来测量树木日增长以及监控灌溉系统，他们都是昆特斯公司——这是一家全球领先的白檀生产商——的员工。"我们公司拥有 550 万棵树，覆盖面积 12000 公顷，为全球的高级香水、化妆品、芳疗用品、传统医药和家具行业供应原木、木片、木粉和精油。"市场营销总监凡妮莎·里戈维奇（Vanessa Ligovich）说道。

用来制香的三种檀香木中，昆特斯公司主要种植和蒸馏原产于印度的白檀（*Santalum album*），也蒸馏澳大利亚本土的澳大利亚檀香（*Santalum spicatum*）。前者自 1999 年起在当地种植，选用印度迈索尔地区（Mysore）的印檀树种，这个地区和檀香木历史文化上的联系源远流长。它被称为"木之王者"，澳大利亚北部与印度南部的热带气候很相似，它很快适应了这里的环境。白檀精油含有高浓度的 α-檀香醇和 β-檀香醇（70%～90%），令它富含有效成分和精致的香

身份证 IDENTITY SHEET

拉丁学名
Santalum album,
Santalum spicatum

常用名
White sandalwood,
Mysore sandalwood,
Australian sandalwood

科属
檀香科

采收期

全年

萃取方式
水蒸馏法

萃取 1 千克精油需要

5.5
小时

产出率

35 千克
檀香木

1 千克
精油

词源
檀香木"sandal"源自梵文里这种树的名字"chandana"。中世纪拉丁语变体"santalum"在现代法语中保留为"santal"。"album"源自拉丁语词"白色",指树木淡绿或白色芯材。

历史
原产自印度和大洋洲的檀香属植物约有 15 个品种。檀香木的贸易历史超过 3000 年,它被用于宗教仪式、建造寺庙,然后从 19 世纪起又被用来制作香水。由于 20 世纪期间被过度砍伐,白檀几近灭绝,如今印度基本禁用檀香木制香。过去 20 年它和澳大利亚檀香都主要在澳大利亚种植。

香气特征
木质、温暖、奶香、乳脂香,丝绒感、壤感夹杂草腥和动物气息,甚至有麝香的腥臊感。

产地
印度、
斯里兰卡、
澳大利亚

主要化合物
α‑檀香醇
Alpha-santalol

β‑檀香醇
Beta-santalol

檀香木有守护的美名,除了因为它与许多印度神话人物有关系,还根据 16 世纪诗人拉希姆(Rahim)的说法,它的芯材含有一种物质,能解树木四周毒蛇的剧毒。

气。它的气韵甜美，融合了木质和奶油香调。而本土的澳大利亚檀香品种生长在澳大利亚西南部的半干旱条件。这种"木中王子"α-檀香醇和β-檀香醇含量较少（20%～40%），香气偏青色、清新以及更重泥土味、萜类香气和烟熏基调，在高级香水里使用得不多。

培植可持续的未来

昆特斯公司的檀香木全在本地生产，公司在澳大利亚分别在三个地方有基础设施。它在北部有两个工厂：一个在库努纳拉，负责加工切割好的木材；一个苗圃在凯瑟琳。在4000千米以外的西澳大利亚最南端——奥尔巴尼有一个蒸馏厂。公司在中国厦门还有一个仓库，因为中国一直是檀香木制品最大的消费国，特别是在中医领域。中国使用檀香木治病的文化并非孤例：有两个澳大利亚土著部落也把檀香木视作珍宝，因为它有抗菌抗炎的效果。事实上，努嘉族和马尔图族早就在澳大利亚种过檀香木，只是规模远不如现代种植园那么大。

昆特斯公司如今宣称已经种植了足够多的印度檀香木，能满足客户几十年的需求。公司成立于 1997 年，最初叫热带林业服务公司（Tropical Forestry Services）；2008 年收购了专业精油蒸馏商浪漫山峰（Mount Romance）之后，生产力进一步扩大。它在 2017 年采用了现在的名称，"quint" 取自 "quintessential"（精髓的），并加上 "Indian" 和 "sandalwood" 单词的首字母。公司的技术创新多年来不断拓展，例如率先使用自然技术培育出出油率比一般檀香木高出 18% 的芯材。而且昆特斯公司的所有产品都不使用生长激素或转基因。

节水方法

员工的种植工作都采用环境友好的措施，不使用人工化肥或激素。"我们三分之二的种植园采用滴灌系统，与传统灌溉技术相比，用水量能减少高达 75%。"凡妮莎·里戈维奇说。探针被安置在不同深度的土中，遍布整个种植区来持续监测供水。另一项节水措施是修剪树木，让它们的叶片尽可能少地消耗水分。加工工艺的核心是可再生能源，占能源消耗的 40%。在奥尔巴尼的工厂，生物质锅炉使用生产线上的废弃木材，烧热后给蒸馏器通入蒸汽。结果每年化石燃料排放都减少了 65%。2011 年，公司在设备上安装了一个系统：用菌种净化水，再将水用于冷却塔。这项发明让昆特斯公司赢得了西澳大利亚水务公司颁发的"冠军奖"。要知道一棵树需要 15 年才能长成，是这些手段叠加才确保了长久胜利。几年前，因为原料短缺导致檀香木价格上涨，"目前 1 千克精油的最低成本是 2100～2500 美元。随着供应量的恢复，我们预计很快能回归可持续的日常"，里戈维奇如是说。这种稳定合乎每个人的利益，包括终端的消费者。

3 款檀香木香水
Sandalwood in 3 fragrances

岛屿森林（BOIS DES ÎLES）

品　牌	香奈儿（Chanel）
调香师	恩尼斯·鲍（Ernest Beaux）
上市于	1926 年

香柠檬、苦橙和橙花的开场被明亮的醛增强，香气被赋予一丝清洁和皂感。玫瑰、茉莉、鸢尾与异国风情的依兰组成的花团锦簇里，融合一点辛辣谐调。被精细雕琢的檀香木被香根草、安息香和乳香环绕，逐渐变成柔软、温和、粉扑扑的中调，最终在一片清新又含蓄的优雅中融入香滑乳脂般的麝香尾调。

迈索尔檀香（SANTAL DE MYSORE）

品　牌	芦丹氏（Serge Luten）
调香师	克里斯托弗·谢尔德雷克（Christopher Sheldrake）
上市于	1991 年

人们开始迷恋淡雅香气的时候，芦丹氏却逆流而行，创作出了一支神秘、浓郁、深沉的香水。开局是一种浓郁的糖浆味，撒上肉桂、藏红花和小茴香，唤起印度咖喱香料的记忆。随后檀香木华丽铺展开，呈现一种像烧焦的美食感奶香、焦糖，这些香味渐渐融入温暖、皮革气息的安息香脂。

谭道（TAM DAO）

品　牌	蒂普提克（Diptyque）
调香师	丹尼尔·莫里哀（Daniel Molière）
上市于	2003 年

伴随着一抹不易察觉的玫瑰，檀香木展现出柔和、乳白色的曲线，混合着微妙的巧克力和胡椒香气。辛辣雪松干燥、上扬的香气平衡了檀香木的柔软。柏木和桃金娘树脂气息支撑着核心，最终在麝香包裹的香草温润尾调中结束。谭道是一支复杂、温暖又平衡的木质香水，如同精细的镶嵌画工艺品。

Tuberose

晚香玉

Tuberose

莫妮克·雷米实验室

晚香玉过去在南印度主要是观赏花，在国际香精香料公司的天然原料子公司莫妮克·雷米实验室的推动下，现在成为香水组成部分的主角之一。

晚香玉在印度随处可见，装饰了女性的发辫，装点庙宇里的祭祀、婚礼或编成项链花环，印地语称它为 "rajnigandha"（意为 "夜皇后"）。晚香玉主要在泰米尔纳德邦和卡纳塔克邦种植，大约有 10% 被用在香水里，这个行业对它馥郁的香气情有独钟。莫妮克·雷米实验室已与印度主要的郁金香生产商涅索公司（Nesso）建立了合作关系。他们是原料萃取专家，在邻近花田的马杜赖（Madurai）、萨蒂亚芒格阿拉姆（Sathyamangalam）和迈索尔附近运营三家工厂。在这儿，2 月到 3 月就要播种 "鳞茎"（其实是根茎）。为了确保 7 月开花（第 2 和第 3 年最早要在 3 月），晚香玉需要水分、肥料，还有最重要的是——小心除草。采摘会从 3 月持续到 12 月，通常在清晨进行：把尚未完全开放、略带粉色的花蕾轻柔地从花茎上摘下。这些花苞会先运到最近村庄的集散地，一天内发送到几个花卉市场。在那里，晚香玉作为观赏花卉销售。价格随供需情况变化；在婚礼旺季，价格能高达每千克 10 欧元。"这个价格对香水产业来说太高了，毕竟 7 吨花才能萃取出 1 千克

身份证 IDENTITY SHEET

拉丁学名
Polianthes tuberosa

常用名
Tuberose,
Mistress of the Night

科属
龙舌兰科

采收期

3月/4月/5月/
6月/7月/8月/
9月/10月/
11月/12月

萃取方式
挥发性溶剂萃取

产出率

**7 吨
鲜花**

↓

**1 千克
净油**

香气特征
樟脑味、药感、
辛辣、壤感、
蜂蜜味、蜡感、
奶香，带橙花、
椰子和动物感气息。

词源
晚香玉（tuberose）一词源于拉丁语中的 "*tuberosus*"，意为 "结节" 或 "疙瘩"，派生自 "*tuber*"，表示 "生长" 或 "疙瘩"。其拉丁学名 *Polianthes* 来自希腊语的 *poly*（"多个"）和 *anthos*（"花朵"）。

历史
晚香玉原产于墨西哥，据说最初是 1530 年一位法国传教士把晚香玉球茎带去了欧洲。到了 17 世纪，格拉斯已经在栽培晚香玉。它管状星形的白花沿着细长的茎排列，花瓣肥厚油亮，摘下后香味能持续两天不散。它是植物王国里最芬芳的品种之一。

香水工业使用的
晚香玉
10%
来自
印度

产地
摩洛哥、
法国、
埃及、
印度

主要化合物
苯甲酸甲酯
Methyl benzoate

💧

苯甲酸苄酯
Benzyl benzoate

↓

吲哚
Indole

↓

水杨酸甲酯
Methyl salicylate

↓

邻氨基苯甲酸甲酯
Methyl anthranilate

印度的
晚香玉
种植面积达
79 500
公顷

传说在文艺复兴时期的意大利，年轻女性被禁止穿过晚香玉田地，因为人们担心晚香玉撩人的芳香会使她们头晕目眩、引人堕落。

精油。"莫妮克·雷米实验室研发作物科学发展经理苏菲·帕拉唐（Sophie Palatan）说道。因此用于萃取净油的晚香玉通常在一天结束时才收购，那个时候价格最低，而且只在采摘高峰期的 4 月到 6 月、9 月到 12 月间购买。

自 2020 年起，莫妮克·雷米实验室和当地合作伙伴建立了自己的香水生产链，他们因此脱离了传统的供应渠道。2021 年，涅索公司从他们的生产商网络直接购入超过一半的晚香玉。这样才能有更好的品控和产品可追溯性，还建立了良好的农业规范，比如减少农药使用、改进灌溉和施肥技术、研究机械除草等。减少中间环节，直接向农民购买，也意味着采摘到加工的时间更短、花朵更保鲜。"通过提前承诺采购量和价格，公司也帮助农民进行切实的前瞻性规划，有更公平的收入。"帕拉唐说。建立合理和有责任感文化的所有努力，让他们得到欧盟有机认证的"公平贸易"认证，这是晚香玉产品首次获此认证。开辟土地种植香水生产专用的晚香玉后，莫妮克·雷米实验室多了一个新的独家净油——"盛开的晚香玉"（Tuberose Blooming），它的香味非常接近鲜花本味。

"晚香玉
总被过分夸张描述"

专访 / 塞利娜·巴雷尔

塞利娜·巴雷尔（Céline Barel）从2001年起就在国际香精香料公司任职调香师，她创作了伊索（Aesop）的"悟"（Tacit）、动物学家（Zoologist）的"鱿鱼"（Squid）、祖玛珑的（Jo Malone）"香草茴香"（Vanilla & Anise）以及梅森埃托（Maison d'Etto）的"迦南"（Canaan）和"德班·简"（Durban Jane）。

你会怎么描述晚香玉的香气？

新鲜的晚香玉有一种迷幻、让人迷醉的复杂香气，有阳光般的奶香，让人想起椰子，还有青绿、清新、辛辣和动物感的特质。这些特征在郁金香净油中都能找到，还有水杨酸甲酯和苯甲酸甲酯带来的轻微药感。

那"盛放的晚香玉"有什么不同呢？

为了生产这款莫妮克·雷米实验室的专利净油，要在黄昏时分晚香玉盛放时采摘，这时它释放的芳香分子最高。这个特殊的流程有助于消除传统净油中更重的药感和蜡味，产生更接近野生花朵香气的气味特征。"盛放的晚香玉"因此带着更强烈的果香、乳脂和吲哚感的特质，同时辛辣、丁香味的香气更突出，让它更现代、更诱人。

你会如何在调香中运用它呢？

这是一种有许多微妙层次的花，可惜它的表现形式都太重复了，被夸张地描述成只有奶味椰子的香气，让它显得有些"廉价"和肤浅。我在为梅森埃托创作"迦南"时挑战了这种刻板印象，创造了一款中性的晚香玉香水。我把它和乌木结合，提升了它们共有的广藿香、皮革和泥土的特质。这种浮华的香气是权力的象征，男士也很适用。

3 款晚香玉香水
Tuberose in 3 fragrances

乔治男士（GIORGIO）

品　牌　比华利山（Giorgio Beverly Hills）

调香师　弗朗西斯·卡马伊
（Francis Camail）

上市于　1981 年

在丰腴的茉莉、橙花和依兰的花香核心里，这株晚香玉穿着夸张的肩垫西装、梳着夸张发型，是典型的 20 世纪 80 年代风格。前调白松香、橘子和桃子展示绿意、果香和醛香，而涂了香草防晒霜的晚香玉吹着泡泡糖。这位"职业女性"又干净、奢华，又有美食感，如此强烈的个性让人难以忘怀。

罪恶晚香玉（TUBÉREUSE CRIMINELLE）

品　牌　芦丹氏（Serge Lutens）

调香师　克里斯托弗·谢尔德雷克
（Christopher Sheldrake）

上市于　1999 年

芦丹氏的"恶之花女王"，这株晚香玉放大了它的狂野，让你缴械。它先试图用微苦的樟脑气味麻醉你。接着你被它悄无声息地包裹在意外的柔软里，沦为俘虏。茉莉、橙花和风信子让花香强烈起来，它们紧紧贴合在湿润、绿意和日光感上。最后一丝皮革感的香草将你绑定在诱人而危险的花瓣上。

醉人晚香玉（CARNAL FLOWER）

品　牌　馥马尔香水出版社
（Éditions de parfums F. Malle）

调香师　多米尼克·罗皮翁
（Dominique Ropion）

上市于　2005 年

这支自然主义作品很好地重现了晚香玉的两面：它的肉欲曲线和青绿湿润。这些妖艳、白色、肥厚的花朵，像人的皮肤一样温暖，散发出奶奶的、肉感的气息和让人迷醉的湿气。花朵紧紧依附于长长、绿色、清脆多汁的茎上，浸泡在花瓶里有些浑浊的水中，在这种含混的潮湿气氛里，它们变成可怕的猎杀者。

Vanilla

香草

Vanilla

曼氏香精香料公司

　　曼氏公司在马达加斯加萨瓦地区的业务已经开展了 40 年，这里是全球香草之都。这家法国香精公司与当地专家伙伴携手合作，生产备受香水和食品调香师喜爱的香草净油、香草"<u>丛林萃取</u>"（Jungle Essence，曼氏专利萃取技术的萃取物）、香草油以及酊剂。

　　负责给香草人工授粉的女工（也叫"marieuse"[1]）一大早就来到种植园。从 10 月到 12 月，这些"红娘"找到适合授粉的成熟香草花，再用针或柠檬树刺小心地把雌蕊和雄蕊蹭到一块儿。看看这精准的手法就知道，熟练的工人对香草产业有多重要。位于马达加斯加东北部的萨瓦地区，是全球主要的香草种植区。这片沿海地区炎热湿润的气候非常适合香草生长，它们必须在特别搭建的果园里半阴处种植。果园里一般会种墨西哥丁香或岛上其他本地树种，提供必要的遮阴，还能让结出珍贵果实的藤茎攀爬。香草是马达加斯加的重要经济来源，不过去 20 年里价格波动极大，"成本可能从每千克 100 美元涨到 600 美元，价格取决于产量、香草醛萃取量，尤其怕投机炒价。这就是为什么在马达加斯加拥有

---

1 "marieuse"意即"媒人"，是对授粉工人的昵称。

身份证 IDENTITY SHEET

拉丁学名
Vanilla planifolia

常用名
Vanilla

科属
兰科

采收期
7月/8月/9月

萃取方式
挥发性溶剂萃取
超临界流体萃取
酒精水溶液浸提

萃取时间
5
天

产出率
4%
~
6%

香气特征
木质、皮革味、
烟草味、辛辣、
粉感、乳脂香、
果香、动物感

词源
香草（vanilla）源于西班牙语的"*vainilla*"（荚），是"*vaina*"（鞘）的小词缀，意为"护套"。

历史
香草是一种攀缘型兰科植物的果实，这种植物沿着树干生长，原产于墨西哥东南部和中美洲的热带雨林。在西班牙征服者第一次在墨西哥遇到它之前，玛雅人和阿兹特克人已经知道它的存在。几个世纪以来，欧洲人对它的培育尝试屡屡受挫，因为这种植物是雌雄同体的，需要授粉才能结出果实；在自然环境里，它通常由蜜蜂或蜂鸟授粉。1836年，人们首次在比利时列日市的植物园手工授粉成功。

马达加斯加的香草种植面积达
44 000
公顷

产地
大溪地、墨西哥、乌干达、马达加斯加、科摩罗、印度尼西亚、巴布亚新几内亚

主要化合物
香兰素
Vanillin
↓
愈创木酚
Guaiacol
↓
甲基愈创木酚
Methyl guaiacol
↓
戊烷基乙烯基酮
Oct-1-en-3-one

全球香草香精有
10%
用作香水

马达加斯加香草荚年产量
1800
吨

每个工人每天可采收
25
千克
香草荚

坚实的根基和稳定的合作伙伴如此重要"，曼氏自然与可持续战略采购经理克莱门特·图桑（Clément Toussaint）指出。这家法国调香公司是岛上的行业先驱，40年前就在此采购，2000年与行业领导者佛罗里贝斯（Floribis）建立了合作伙伴关系，支持建立可持续、可追溯、有责任感的供应链系统。"香草是曼氏最重要的原料之一，我们必须保护种植者的独特技术。"

加工的三步准备

处理香草过程的艰苦恰恰反映出他们的专业度。香草花授粉后9个月——7月至9月，就是收获豆荚的时候，不过此时它们的香味十分微弱。豆荚变成淡绿、接近黄色就代表成熟了，成熟度保证香草荚的品质。豆荚要在采收后2～3天内加工，才能保持芳香化合物的质量。香草荚传统上分三步熟成：首先，将豆荚在65摄氏度的水中杀青3分钟，催化香草醛产生——就是它让原料散发特殊的香气；接着在铺了羊毛毯保温的木箱里发酵12小时，此时豆荚会变黑，再铺在架子上，晒太阳1～2周（时间根据天气而定）；随后在阴凉处晾上1个月，豆荚皱缩、黑化。

下一步要通过手拣和闻香进行筛选。达标可以进行下一步加工的豆荚，被运往位于格拉斯郊外的曼氏工厂，在那里生产萃取物。

"它创造了一种无与伦比的香气，如此独特、层次如此丰富"

专访 / 朱莉 · 马塞

朱莉 · 马塞（Julie Massé）在 2010 年成为曼氏香精香料公司的调香师，她的作品包括与马蒂厄 · 纳尔丹（Mathieu Nardin）合作为古特尔（Goutal）创作 "幻梦时光"（Le Temps des rêves），与克里斯蒂娜 · 纳热尔为乔治 · 阿玛尼（Giorgio Armani）创作了 "挚爱"（Sì），与塞西尔 · 马东（Cécile Matton）为阿玛尼私藏系列创作 "玉龙茶香"（Thé Yulong）和 "苏州牡丹"（Pivoine Suzhou），以及与韦罗妮克 · 尼伯格（Véronique Nyberg）和拉尔夫 · 施维格（Ralf Schwieger）一起创作了卡尔文 · 克雷恩（Calvin Klein）的 "永恒男士古龙水"（Eternity for Men Cologne）。

你想到香草时会联想到什么？

香草这种原料很矛盾，因为每个人都以为自己了解它的香味，可实际上很多人想到的是柔和、粉感的香兰素，这只是它成分里的一种化合物。如果你给人们闻香草净油，他们可能根本猜不出那是什么。即使对调香师来说，香草也充满惊喜。人们总说绿色的豆荚本身没有味道，但当我有一次走进马达加斯加的一个仓库，那里堆放着待加工的豆荚，我被一种非凡的白色花香惊呆了，它有着明媚、辛辣的香调。

你能在不同的香草萃取物中察觉到哪些气味的细微差别？

通过挥发性溶剂萃取的净油更丰富和复杂，它是带着轻微皮革、烟草味的木质香调，有一点辛辣的丁香酚香气。通过超临界流体萃取的"丛林萃取"净油更柔和、更接近香草荚本身；同样的工艺还能得到"丛林萃取"香草油，动物感更强烈，有甲酚的气味特征。还有豆荚浸泡在水和酒精的混合物里萃取的酊剂，它更淡、更实惠，因此用量更大。

香草在调香中有什么作用?

它大方和撩人的气味制造圆润、舒适的感觉，又能软化更尖锐的香调。我特别喜欢它和木质、皮革、辛辣或矿物感香调调和时的神奇魔力。它是一种华丽的原料，但只用少量也能创造无与伦比的香气轮廓、特点和层次。在乔治·阿玛尼的"挚爱"里，我们用香草"丛林萃取"赋予它个性和魅力。

3 款香草香水
Vanilla in 3 fragrances

一千零一夜（SHALIMAR）

品　牌	娇兰（Guerlain）
调香师	雅克·娇兰 （Jacques Guerlain）
上市于	1925 年

雅克·娇兰这款永恒杰作精彩在柑橘与香草之间的强烈反差——前者灿烂明亮，后者圆润温暖。在香水的核心中虽然可以依稀辨认出一些花香，比如玫瑰和茉莉，但暗黑的香草荚逐渐占据主导地位。它混合了乙基香兰素、香脂、零陵香豆、鸢尾以及一丝从"姬琪"（Jicky）传承的动物感，在皮肤上一路丝滑，留下深沉、撩人、略带脂粉的香气。

杜耶尔淡香水（EAU DUELLE）

品　牌	蒂普提克（Diptyque）
调香师	法布里斯·佩尔格兰 （Fabrice Pellegrin）
上市于	2010 年

这支香水展示了香草的两面性。香草荚辛辣和愉悦的香气被树脂、草本原料强化——这里有桉树的胡椒酸味、菖蒲，以及粉红胡椒和小豆蔻之类的冷调辛香。焚香翻卷，夹杂动物感的木质和莎草将香草带入一种轻柔、白麝香的氛围，尾调又恢复了香草那熟悉的甜美。

香根草与香子兰
（VETIVER & GOLDEN VANILLA）

品　牌	祖玛珑（Jo Malone）
调香师	玛蒂尔德·比雅维 （Mathilde Bijaoui）
上市于	2020 年

这场大秀的两位明星原料，由活泼、清新、闪着光芒的葡萄柚与小豆蔻引领入场。在舞台的中央，温暖浓郁的香草和沙哑的猛男香根草交手，碰撞出辛辣的木质香气，香根草却被柔化。神似蜂蜜味烟草的香草君临天下，把柔和的烟熏气息深深渗进这支华美作品的琥珀基调。

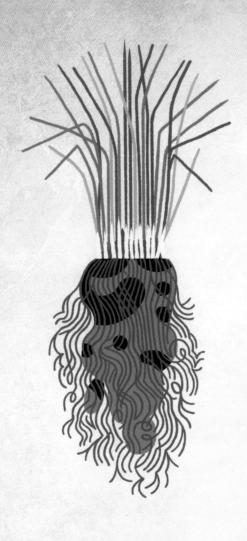

Vetiver

香根草

Vetiver

莫妮克·雷米实验室

香根草这种资源对海地至关重要，养活了 3 万 ~ 4 万人。国际香精香料公司的天然原料子公司莫妮克·雷米实验室在当地与合作伙伴协作，实现机械化收割，而且建立起更广泛的可追溯与可持续的供应链。

在海地西南部的莱凯（Les Cayes）地区，遍布将近 8000 公顷的香根草田。这里的沙质白垩土是它们细密根系的家园，香根草的根系可以生长到超过 1 米长，还能用来生产一种有清新木质香气的精油。正是为了生产这种精油，莫妮克·雷米实验室在 2014 年与香根草蒸馏专家统一科德公司（UniKode）建立了合作关系。香根草根通常在播种 12 个月后收割，按这个日程才能同时实现产量充足和香气优质。当然收割可以全年进行，但从 9 月份开始，雨季来临让收割变得更困难，也会影响植物的芳香化合物含量。所以农忙期是 2 月至 5 月的旱季。收割是一项对体力要求很高的工作。为了避开一天最热的时段，采收从早上日出时分开始，大约上午 11 点结束。工人在下午 4 点回到工作岗位，继续工作到夜幕降临。收割以流水线形式分阶段进行：剪掉叶子后，工人用镐挖出留在地下的部分，同时立刻播种根状茎的幼苗，为下一次收割做储备。接着把根球从土里拔起、压实、扎成一捆，然后用力

身份证 IDENTITY SHEET

拉丁学名
Chrysopogon
zizanioides 或
Vetiveria zizanioides

常用名
Vetiver, khus

科属
禾本科

采收期
2月/3月/
4月/5月

萃取方式
水蒸气蒸馏

蒸馏时间
10
小时

产出率

1 吨
草根

▼

5～10
千克
精油

词源
香根草 "*vétiver*" 一词在 19 世纪早期出现在法语中。它来自泰米尔语的 *vettiveru*[由 *vetti*（"拔起"）和 *ver*（"根"）组成], 翻译过来就是"被挖出的根"。

历史
香根草原产自南印度，自古就用来入药。它最初主要在留尼汪岛上人工种植，后来传到了爪哇和海地，直到 20 世纪香水工业发展才开始大规模蒸馏香根草。在古代，它被普遍认为有魔力，在很多仪式里被使用，包括巫毒仪式、阿育吠陀疗法和水净化。香根草深长的根系能够牢牢抓住土壤，是非常有效的水土保持植物。

海地是全球第一的
香根草种植地
No.1

香气特征
木质、绿意、
植物香气、土壤、
烟熏、皮革，
还隐约透出葡萄柚、
花生、榛子的
复合香气。

产地
海地、巴西、
马达加斯加、留尼汪岛、
印度、中国、印度尼西亚

主要化合物
客烯醇
Khusimol

▼

异戊烯醇
Isovalencenol

▼

α - 岩兰酮
Alpha-vetivone

▼

β - 岩兰酮
Beta-vetivone

▼

α - 紫穗槐烯
Alpha-amorphene

▼

β - 岩兰绣线烯
Beta-vetispirene

▼

β - 岩兰维烯
Beta-vetivenene

采收 1 公顷
香根草所需时长
3
周

从播种到收割平均需要
12
个月

摇晃，尽量把土抖干净。

为了更大利益的机械化

人工收割香根草极其辛苦，会造成背痛以及吸入土壤颗粒导致的呼吸问题，这种工作对年轻人也越来越没有吸引力。所以为了保护这个行业，机械化势在必行。"我们和我们的合作伙伴统一科德公司正在一起研究如何引入机械化，把我们在采收黑醋栗芽、水仙和鸢尾上积累的专业知识利用起来。"莫妮克·雷米实验室的总经理贝特朗·德·普雷维尔（Bertrand de Préville）说。目前几种原型机在田间的测试很成功。机械化未来将会改善工作条件、提高精油产量和质量。手工收割1公顷几乎要花3周时间，而机械化可能1周就能完成。这样能产出更新鲜、香气更优质的香根草；而且只在旺季——1月至5月——安排收割。莫妮克·雷米实验室和统一科德公司的产品都有有机认证，最近还获得了欧盟有机认证的"公平贸易"认证，他们同样致力于寻求可持续发展的模式，包括建立农业合作社实现供应链可追溯，以及购买生物质锅炉，让蒸馏过程减少对环境的影响。此外，两位合作伙伴还在格拉斯和海地进行关于植物代谢和良好种植规范的研究。正是持续的钻研，才让产量更高、精油质量更好。

"如果香根草是一个电影角色，那就是印第安纳·琼斯"

专访/伊夫·卡萨尔

从1998年在纽约国际香精香料公司任职调香师以来，伊夫·卡萨尔（Yves Cassar）独立或与团队协作创作了许多款成功的香水：雅诗兰黛的"纯净清风"（Pure White Linen）和"我心深处"（Intuition for Men），汤姆·福特的"同名男士"（Tom Ford for Men），唐娜·凯伦（Donna Karan）的"轻绒精粹版"（Cashmere Mist Essence）、亨利·罗斯（Henry Rose）的"雾"（Fog），以及汤丽·柏琦（Tory Burch）的"明媚天堂"（Knock on Wood）。

这种原料会在你心中唤起什么感觉？

我会把香根草与非洲国家、沙漠联系起来，可能是因为我出生在北非。干燥的土地、灰尘、赭色……香根草让我联想到异域。如果它是一个电影角色，那就是印第安纳·琼斯。

你能分别描述一下新鲜根茎和香根草精油的气味吗？

你轻轻掰刚挖出的根茎，首先会闻到一种清新的香气，有点像葡萄柚，又有点姜香，还有非常重的壤感和皮革感。精油就更加深邃，带有烟熏、花生、皮革、木质、泥土的特质。我们现在还有在格拉斯实验室里用分子蒸馏净油得到的精炼精油，它剔除了原始精油里的烟熏和烤花生味儿，有一种更洁净、更清新、更现代的气息。我们还在格拉斯使用分馏法萃取香根草的精华，突出新鲜的葡萄柚香气。

你喜欢把它与哪些原料搭配？

香根草与柑橘类水果非常搭——它自带的柑橘风味和它们一脉相连。它也非常搭配各种木质元素，比如雪松或木质琥珀。它们彼此互补，这些木质元素给香根草增添更现代和利落的质感。调配女香的话，我喜欢用它搭配以玫瑰、牡丹为主的配方。它与花香是绝配：我最近刚做了一个晚香玉和香根草的搭配，效果非常好。它和麝香搭配也很有趣，赋予香根草圆润和舒适感。它是一个相当万能的成分，可以给配方打结构。唯一的难点是要驯服它野性的一面。

3 款香根草香水
Vetiver in 3 fragrances

伟之华（VÉTIVER）

品　牌	娇兰（Guerlain）
调香师	让－保罗·娇兰 （Jean-Paul Guerlain）
上市于	1959 年

让－保罗·娇兰的第一支作品在一阵柠檬古龙水香气中启程，宛如一块清新又精致的香皂，木质和壤感的甜甜烟熏气升腾而起。几小时后，香根草的力度逐渐增强、久久不散，笼罩着粉感和辛辣气息。它作为香根草香水无可争议的标杆，保持着安逸的优雅，同时把我们带入一片闪烁着松绿和棕色调的幽暗之中。

**非凡香根草
（VÉTIVER EXTRAORDINAIRE）**

品　牌	馥马尔香水出版社 （Éditions de parfums F. Malle）
调香师	多米尼克·罗皮翁 （Dominique Ropion）
上市于	2002 年

莫妮克·雷米实验室的分子蒸馏技术萃取的海地香根草精油剔除了原料药感和樟脑味的部分，并且首开先河在一支香水里用了高达 25% 的浓度。这样的强度撑起了这支香水，显得纯粹、质朴、直接。一团香柠檬和粉红胡椒散开，香根草散发闪耀的光环，开司米酮和麝香支撑基调，透露出宛如一件熨烫得平整无瑕的衬衫的纯净洁白。

墨恋（ENCRE NOIRE）

品　牌	莱俪（Lalique）
调香师	纳塔莉·洛尔松 （Nathalie Lorson）
上市于	2006 年

少量树脂、松树和柏树与前调略带柑橘的明亮形成反差，预示着这支香水烟熏、树脂感和暗黑的部分，在后面要大肆展开。香水非常微妙地透露皮革感和印度墨里的苯酚味。雪松和愈创木伴随香根草核心，整体轻柔地被天鹅绒般的麝香和干燥木质包围，释放出朦胧和谐的光环。这个简单而野性的谐调打磨得很精巧，让香根草香水家族一下年轻了。

Ylang-ylang

依兰

Ylang-ylang

比奥朗德集团

在马达加斯加和科摩罗群岛之间，这种纤细的小花找到了适合繁茂生长的理想环境。比奥朗德（Biolandes）集团在那里拥有三个互补的生产基地，生产不同风格的精油。分馏工艺释放出依兰明媚的果香、辛辣感，有时还带点烟熏味，能创造出各具独特风格的精油产品。

当花瓣由浅绿变为饱满的黄色、花蕊出现胭脂红斑时，代表依兰已经成熟到可以采摘了。依兰树生长在潮湿的热带，在厄瓜多尔、加纳、印度、印度尼西亚和马约特岛广泛种植。不过，绝大部分依兰产品产自科摩罗群岛和马达加斯加，其中80%用于香水和化妆品工业。得益于莫埃利岛（Mohéli）、大科摩罗岛（Grande Comore），尤其是昂儒昂岛（Anjouan）的肥沃疏松的火山土壤，依兰成为科摩罗群岛的主要出口作物，与香草、丁香一起养活了近1万人。在马达加斯加北部广阔的淤泥冲积平原和贝岛（Nosy Be）的火山地区，依兰的种植面积超过3000公顷。比奥朗德集团的营销经理卡米尔·斯特科尔–卡雷特（Camille Stacul-Carette）说："这两个国家种植的依兰品种完全一样，但当地环境的特点带来独特的香气：科摩罗群岛的花朵较小，精油味道比马达加斯加的更浓烈、烟熏味更重。"这个家族企业成立于1980年，当时主要加工来

身份证 IDENTITY SHEET

拉丁学名
Cananga odorata

常用名
Ylang-ylang

科属
番荔枝科

采收期
全年

萃取方式
分馏法

**完整萃取
精油
需要蒸馏**
24
小时

产出率

40 ~ 50
千克
鲜花

↓

1 千克
精油

词源

"Ylang-ylang" 来自菲律宾语的 "ilang"，这个词是 "荒野" 的意思，用来指代这种植物的自然栖息地。拉丁学名 "*Cananga odorata*" 则源自它在马来西亚的俗称 "*Kenonga*" 或 "*Kananga*"。

历史

依兰的原产地虽然是印度尼西亚，精油贸易却是 19 世纪时在菲律宾兴起的。据说，第一个蒸馏设施始建于 1860 年左右，由一位痴迷依兰迷人香气的德国水手在马尼拉附近搭建。随后，生产中心转移到了印度洋的留尼汪岛，再到马达加斯加和科摩罗群岛，今天这些地区供应了大部分的依兰精油。

提起依兰被用在 1921 年诞生的香奈儿五号香水，调香师恩尼斯·鲍说："除了茉莉，我最爱它的香气。"

产地

科摩罗群岛、马约特岛、马达加斯加

香气特征

花香、阳光、致幻感、辛辣、动物感、果香樟脑味，有一点像茉莉、晚香玉、香蕉和卸甲水。

主要化合物

梨醇酯
Prenyl acetate

↓

芳樟醇
Linalool

↓

乙酸苄酯
Benzyl acetate

↓

大牛儿烯 -D
Germacrene -D

↓

水杨酸苄酯
Benzyl salicylate

**一棵树
一年能采收**
10
千克的花

自法国朗德（Landes）的海岸松，现在生产超过 300 种精油和天然萃取物，供香水、化妆品、食品添加剂和芳疗行业使用。

比奥朗德集团在马达加斯加的安班扎（Ambanja）地区种植依兰，它们拥有一个 220 公顷的有机农场，相邻还有 90 公顷种植园，这些土地是从子公司高尔玛（Golgemma）公司接手过来的。他们的产品已获有机认证，还获得欧盟有机认证的"公平贸易"认证。马达加斯加的两个基地都有自己的工厂。比奥朗德集团的设施设在科摩罗群岛的昂儒昂岛，是生产有机认证依兰精油的先驱，通过当地 246 名多年合作的本地生产商网络采购原料。

不断奉献的树

依兰树虽然不怎么需要照料，但它长得特别高，通常能长到 30 米。为了方便采摘，要修剪到像人一样高。长到 50 岁，它就开始全年开花，在雨季（3 月至 12 月）达到爆花高峰。即使没到 50 岁，它也能每年生产多达 10 千克花朵。采摘要在花蕾开放 10 天后的清晨进行。工人们需要工作 2～3 个小时，拿着大柳篮收集大约 15 千克的花朵。"我们的工厂在种植区的中心，鲜花采下来几小时内就能被加工处理。这样便可以尽可能保留它们的香气特质。"卡米尔·斯特科尔－卡雷特如此强调。

特级、第一等级和"VOP"等级

依兰的高萃取率进一步表明它是天然宝藏，40～50 千克的鲜花能萃取出 1 千克的精油。相比之下，玫瑰需要 4000 千克的花才有差不多的产量。

还有一点不寻常，它是香水工业里少数通过分馏法加工的原料之一。蒸馏开始后，不同等级的精油会从分离器中按顺序产生。头几个小时产生特级（Extra），果香和花香浓郁，让人想起绿香蕉；接下来是第一等级，具有甜美、白花的特质。科摩罗群岛的特色产品——特优（Extra Superior）等级在蒸馏的头几分钟里，以其绝美的甲酚和果香闻名。这些等级最高、挥发性芳香分子浓度最高的产品才是高档香水行业的首选。

下一级是第二等级和第三等级，很持久、有烟熏感，更受大众化妆品和香水公司的青睐。最后的完成（Complete）等级，是持续24小时蒸馏后获得的，常用于芳疗。"它浓缩了花朵的各个方面，香气结构更复杂；但最重要的是，它的芳香分子浓度最高。"卡米尔·斯特科尔-卡雷特解释道。在众多等级里，比奥朗德集团还添加了自己特殊的等级，即依兰VOP（挥发性油部分），在马达加斯加安班扎的工厂生产。它通过公司独特的传统工艺，在蒸馏过程

的最初几个小时内提纯，散发出让人惊艳的馥郁粉感香气。

由于高等级的精油更有价值，依兰市场以次充好的行为并不少见：以"特级"名义销售的精油，实际上可能混了次等精油，甚至可能掺入合成分子来降低成本。"市面上的许多产品其实都是混的。而比奥朗德集团保证产品 100% 纯天然。凭着悠久的蒸馏历史和 40 年的生产经验，我们能够制定足够精确的技术规范。"卡米尔·斯特科尔 – 卡雷特说道。

3 款依兰香水
Ylang-ylang in 3 fragrances

依兰（EAU MOHELI）

品　牌	蒂普提克（Diptyque）
调香师	奥利维耶·佩舍（Olivier Pescheux）
上市于	2013 年

这支来自科摩罗岛的依兰花，以辛辣、上扬的粉红胡椒和姜开场，洋溢着欢快、明媚的气息。花香被绿叶的青绿覆盖，带来持久的清新。它最终柔化成阳光般的花香气息，被干燥、略带烟熏的香根草包裹，将这场植物之旅引入温柔的尾声。

万花物语（FLEUR DES FLEURS）

品　牌	夜游人（Une Nuit nomade）
调香师	卡琳·舍瓦利耶（Karine Chevalier）
上市于	2015 年

这是一支性感、慵懒的依兰香，被阳光的香柠檬提亮。它搭配炙热阳光照耀的茉莉花、晚香玉，以及些许果香和丝绒感，它在檀香木、香草和粉感交织的音符中纵情打滚。既不造作也不过火。洁白、奶油质感散发出妩媚、魅力四射的脂粉气和一丝古典魅力，就像一张来自遥远岛屿的复古明信片。

情动依兰（EMBRUNS D'YLANG）

品　牌	娇兰（Guerlain）
调香师	蒂埃里·瓦塞尔（Thierry Wasser）
上市于	2019 年

娇兰将这朵著名的黄花置于一片海蓝色里，温暖沙滩吹拂着咸咸海风。依兰的辛辣部分被肉桂和丁香重新定义，神似清透椰奶的果香呈现它奶油般丝滑、阳光明媚的一面。香气被白色茉莉花瓣环绕，最终落在馥郁香草的床上，鸢尾的粉感轻抚而过，广藿香赋予它难以定义的魅力。

未来的香水

香水行业必须为未来的发展做准备，因此行业对研发相当重视，倾力发明新技术和框架，用于生产迎合时代要求的香水。以下七种创新方法各自体现了香水行业的未来。

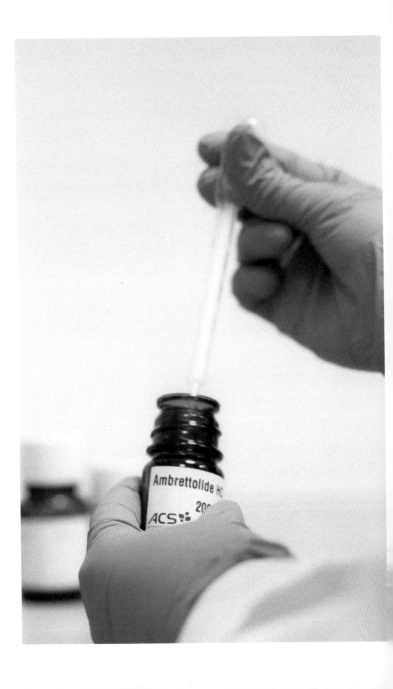

新千年，新麝香

麝香在香水中的应用无处不在。大多数麝香是合成的，由于在香水生产里产生相当大占比的碳足迹而饱受诟病。为了减少合成麝香对环境的影响，国际芳香化学品服务公司（Aroma Chemical Services International，简称 ACS International）开发了第一个主要使用白色生物科技合成的麝香，由 100% 可再生碳构成。

麝香那圆润、舒适、宛如怀抱一般的香调在香水里存在了数千年。麝香起初是从一种东南亚的小型鹿的性腺中萃取的。因极其稀有而昂贵，19 世纪末期的化学家们开始致力于识别并合成赋予麝香独特香味的分子（见第 209 页）。他们的努力很快带来一系列丰富多样的化合物，这些化合物不断发展，适应着市场以及法规、环境标准的变化。过去 15 年来，可持续性问题变得至关重要，环保型麝香成为行业的必然选择。2018 年，专业制造大环麝香和内酯类化合物的德国国际芳香化学品服务公司推出首个主要使用生物技术开发的麝香产品，名为"高顺式黄葵内酯"（Ambrettolide HC）。

100% 可再生碳

最初，黄葵内酯是从黄葵籽萃取的一种分子（见第 169 页）。20 世纪 50 年代以来，化学家们就知道如何通过一种昆虫分泌物——虫胶合成这种异构体黄葵内酯（trans-ambrettolide）。这种工艺虽然可以大批量制造黄葵内酯，但虫胶供应链脆弱，经常面临困难，价格也时常波动。现在，国际芳香化学品服务公司以更环保的方式生产出了截然不同的异构体——高顺式黄葵内酯（HC即高顺式），这两种异构体具有相同的化学式，但原子在双键周围的排列不同。"生产100%可再生碳麝香是重大的进步。"国际芳香化学品服务公司的创新副总裁康拉德·范思奇（Koenraad Vanhessche）自豪地说道。这种麝香是如何制造的呢？"我们首先将欧洲原产的蔗糖用一种经过基因优化、提高了生产效率和选择性的微生物进行发酵。这给我们提供了一个高级前驱体，再通过环保化学处理进一步转化为高顺式黄葵内酯。用糖这种易得且廉价的原料，让我们的专利分子价格稳定、有竞争力；随着规模经济的发展，价格在未来只会变得越来越实惠。"范思奇如是说。

扩散与活力

"高顺式黄葵内酯的气味柔软、有包裹感、略带动物气息，有能让人联想到黄葵籽油的自然质感。"香水调香师塞尔日·奥尔登堡（Serge Oldenbourg）这样描述。不过因为它的强度是黄葵内酯的两倍，因此只需要一半的用量，具体使用多少取决于应用场景。随着香气逐渐变化，在成为主调前，它在香水前调就很有存在感。"高顺式黄葵内酯赋予香水更强的扩散和香气。某些麝香元素如果添加太多，可能会产生侵略感，但是在这里情况正好相反，因为高顺式黄葵内酯既有爆发力又让气味更圆润。"他解释道。这种珍贵的成分在许多香基中都非常有用，"它突出了柔和的果香调，如桃

子、杏子、杧果，以及茉莉、晚香玉、依兰和玉兰等花香调。它平衡了薰衣草略带药感的特质，赋予干燥、木质或海洋调等更广的延展气味，同时保持香调清新。它为普通的玫瑰调增添了层次和活力"，奥尔登堡对它赞赏有加。这种分子完美匹配高级香水，同时也适用于身体护理产品、头发护理产品，甚至低浓度的家清产品。"由于它效果极强，即使配方中只加入 0.1%，也能赋予香水精致的奢华感。"他又补充道。

植物麝香

高顺式黄葵内酯不仅具备可持续性，有强烈和愉悦的香味，还符合纯素主义。"香水行业里不常涉及这个问题，因为大多数源自动物的天然成分现在因为伦理原因已经很少使用，更别提它们本来就很稀缺。产自虫胶的黄葵内酯却和纯素议题十分相关。"康拉德·范思奇总结道。

下一个十年的天然萃取物

芬美意

芬美意，这家专门制造食品香精和香水香精的瑞士企业，正在进行一场自然革命。经过多年的实验室测试和试点项目，该公司在格拉斯安置了一个独特的微波辅助萃取设备，推出了首批Firgood[1]成分。

一支研究团队已经使用在格拉斯的设备对一个秘密项目进行了6年多的研究。这个项目旨在开发一种全新的萃取方法，以解决一个双重挑战：首先，需要能够处理此前难以萃取的成分；其次，急需更具可持续性、更少能源和资源消耗的萃取方法。"过去几年的所有进展都帮助我们将理论上的理想转化为现实：一种不需要溶剂的萃取方法，"芬美意的全球天然产品创新主管格扎维埃·布罗谢（Xavier Brochet）表示，"我们刚刚达到了一个里程碑：在实验室试验后，我们正将其扩大到工业规模应用。"

关键日期	2015	2017	2021
	项目启动，实验室测试	首个工业化试验原型	推出芬美意公司系列产品中的前三种萃取物

---

1 Firgood 是芬美意的一个商标。——原注

"花朵、水果、香料、蔬菜和根茎
都可以在新鲜的状态下被加工，
甚至在重新湿润过的状态下也可以被加工。"

只用原料自己的水分

这种方法是对新鲜的生物质施加电磁，当物质暴露在电磁波中，O-H键振动产生摩擦，导致升温。构成物质的水分的温度开始升高，引起细胞破裂并传递芳香化合物。"因此，除了生物质本身的水分，不需要其他溶剂，"芬美意的天然创新主管苏菲·拉瓦纳（Sophie Lavoine）解释道，"这种创新目前是先进萃取技术的最高水平。萃取技术一直朝着寻找更安全、更环保的溶剂方向发展：苯被己烷取代，然后是超临界二氧化碳，现在则是原料中的水。"

芬美意团队成功地在扩大生产规模的同时，又让成本下降。起初生产量仅为100~200千克，现在已经达到1吨。实现这一目标的关键在于持续的流水线生产，采用"开放"工艺，而不是批量化生产。生物质通过传送带进入加热管道，所有消耗的能量都被优化，并根据所处理的生物质的数量进行严格校准，以免过度加热，这样才能保持原料的风味。收集最终产品时采用的是重力分离法。

Firgood新专利系列推出了三类产品，进一步丰富了香精公司的调香师和风味师的原料库。首先是一种原液，或称为纯露，包含了原料在水溶状态所含产物的所有极性芳香族成分（由较不亲脂的分子组成）。从这种原液中，使用物理方式对芳香族馏分进行冷浓缩，生成第二类产物。用来调香的话，水会被另一种溶剂代替，比如酒精。最后，如果油分含量足够，还可以通过倾析原液来获得精油，比如辛香原料就很适合用这种方法。

更健康的地球和更自然的香氛

这种萃取方法有许多优点，尤其让能耗更低。此外，该技术使得废渣的回收比使用传统工艺更加简单直接。由于不含任何溶剂，它们可以被回收利用或者通过其他萃取工艺（比如超临界二氧化碳萃取）进行处理，再获得有互补特性的其他萃取物。苏菲·拉瓦纳解释道："实际上，这种再利用集中在脂溶性组分和醛类化合物。通过超临界流体萃取法得到的香草香精富含香兰素，而 Firgood 萃取物带来酸类、酚类、愈创木酚及其衍生物。"

广泛的应用范围证明了这项重大投资的风险很值得，有了这种技术，花朵、水果、香料、蔬菜和根茎都可以在新鲜状态下加工，甚至加湿的干原料也可以被加工。这种工艺的速度有助于避免不好的副作用，包括材料经历长时间加热或化学冲击产生的熟化、氧化或聚合反应。

根据各自气味和技术特性，新的萃取物会以市场能接受的价格供应给高级香水、家清和调味品行业。2021 年这种工艺萃取的原料首次推出——Firgood 姜、梨和青椒。很快，其他花朵、水果、茶叶和咖啡的萃取原料也将上市。"我们怀着谦卑之心回顾这段旅程，许多外部举措为这项技术进步做出了贡献。多亏了这种多功能技术，让我们能适用每种原料，现在我们可以展望将替代萃取物的生产范围拓展到我们所有的天然成分，"格扎维埃·布罗谢总结道，"我们很自豪能够为萃取工艺的持续演进做出贡献，这正是香水行业悠久历史的特征。我们也为格拉斯地区的影响力和声望尽了一份力。"

五碳之路

奇华顿

　　现在许多品牌都开始关注环境问题，生产环保分子成为今天香水生产者面临的新挑战。为了响应这一号召，2019 年，奇华顿开展了一项创新计划，名为"五碳之路"（FiveCarbon Path），旨在减少其成分对环境的影响。

　　面对可持续发展的需求以及消费者对天然成分不断增长的需求，如何生产对地球环境影响有限的香水？尽管香水制造始于使用天然原料，但在 19 世纪晚期，调香师的原料选择范围大大拓宽却有赖于从石油化学产品中提取的分子。

　　香水工业现在正积极致力于开发碳足迹更低的创新原料。2019 年，瑞士香精企业奇华顿实施了一个名为"五碳之路"的项目。奇华顿的香氛科学与技术部分负责人杰里米·康普顿表示："这个指南能让我们的分子材料更具可持续性，不管是为丰富我们调香师的原料库研发的专利分子，还是我们用对地球更有益的工艺提取的旧有分子。"这个项目着眼于五个目标，基于多项与碳相关的绿色化学原则——碳，正是那些从不可再生的化石资源里提取的分子的主要成分。

"五碳之路"的目标

"五碳之路"的第一个原则，是增加可再生碳的使用。"这意味着选择天然元素而不是石油及其衍生物作为基础材料，但同时不破坏供应链。生物技术提供了一个有趣的解决方案，因为它们让我们能够以非常少的原料制造高效的分子材料。"奇华顿天然产品业务发展主管瓦莱丽·德·拉·佩夏迪埃尔强调。生物转化利用微生物（比如酶和细菌）的特性，通过发酵将天然原料转化为多种芳香化合物。奇华顿利用这个工艺提取龙涎呋喃（Ambrofix）等专利分子。由于这种具有强烈的琥珀调香气特征的分子是通过蔗糖产生的，由100%可再生碳构成，因此与使用鼠尾草合成的传统工艺相比，所需耕地面积只要原来的百分之一。它在自然界可完全分解，遵循了"五碳之路"的第二个目标，即提高最终分子产物的生物降解性，将污染降到最低——特别是水污染。

第三个原则是提高合成过程的"碳效率"。杰里米·康普顿解释道："我们的目标是在最终产物中尽可能多地保留初始分子中的碳，最理想的情况是不产生废物。"

过程质量强度（PMI）用于测量碳效率，具体体现在粗原料的质量之和除以提取产物质量之和，这个比值越接近1，合成的碳效率就越高。一种叫作"Ebelia"的专利分子在2020年丰富了奇华顿调香师的原料库，它具有新鲜多汁的黑醋栗香气，还获得了优异的3分。与其他香气相似的分子相比，它的合成效率是基准线的7～23倍。

作为"五碳之路"标准的一部分，分子的效率也可以通过香气强度的每碳比进行衡量。"如果你开发出一种材料，可以以更少的

用量产生和另一种成分相同的嗅觉体验，甚至是更强的效果，那就非常好。"杰里米·康普顿说道。 散发铃兰花香的专利分子"宁芙铃兰"就是一个特别好的例子：它比国际香精协会禁用的铃兰醛香气强 13 倍，部分替代了后者。

在减少对环境的影响方面，"五碳之路"项目的目标，是优化香水行业或其他行业副产品和废物的利用。"阿奇加拉木"（Akigalawood）是一种具有木质、胡椒香气的天然专利成分，它从调香师认为没有香气价值的广藿香原料中提取所得，完美地满足了这个环保需求。"'五碳之路'为我们提供了一条路：我们研发成分时应该基于它的原则来做决策，而不是选择最简单的路径，"杰里米·康普顿如此总结，"香水工业过去一直追求两个目标：'我们如何创造受欢迎的独家分子'和'如何使我们成功研发的原料更便宜，让客户多下单'。但如今生产能保护环境和资源的分子材料，对于高级香水和功能香氛行业都至关重要。"

E-Pure 丛林萃取重新定义花香

曼氏香精香料公司

法国香精香料公司曼氏将传统的"脂吸法"与超临界流体萃取结合起来，既为调香师的调香盘带来全新的味道，又最大程度地减少了对环境的影响。

在第二次世界大战前的格拉斯地区，能经常见到人们把娇嫩的白花铺满在木头框里，花瓣下覆盖着一层洁净的脂肪。这种萃取花香的脂吸法技术基于脂肪吸收气味的能力，自古沿用至今。18世纪流行于格拉斯地区，用于加工那些过于娇嫩，无法承受蒸馏高温的花朵，例如茉莉花或水仙花，它们被放置在室温下的动物脂肪床上，几天后替换新鲜花朵，直到脂肪香气饱和为止。而其他的花，比如千叶玫瑰和橙花，则会浸泡在装有相同脂肪的铜罐中，加热至 40～45 摄氏度，静置一天后再更换鲜花。之后用乙醇清洗这些芬芳的脂肪，最终获得净油。但是这种技术费时费力，在 20 世纪 50 年代随着己烷等溶剂的广泛使用逐渐退出历史舞台。

中间产品

2015 年，曼氏提出了一种将这种技术现代化的方法，即将其与超临界流体萃取相结合，这是用于生产"丛林萃取"（Jungle Essence）萃取物的过程。由于这种萃取方法比其他方法更环保，

并且能够产生更接近自然的气味，因此它正在逐渐成为调香师越来越普遍使用的方法。然而，这种技术并不适用于所有成分，因为它需要昂贵和复杂的设施，无法在每个采收点附近设置。"运输加工材料可能需要很长时间，这就排除了很多非常脆弱的花朵和叶子，"曼氏的调香师塞尔吉·玛嘉烈（Serge Majoullier）指出，"我们需要创造一种介于中间的产品，可以在采收点附近生产，然后再将其运送到我们的实验室进行超临界流体萃取。"

在历史上，脂吸法用来提取脆弱的植物成分，它符合这些要求，但需要进行一些调整。曼氏在印度泰米尔纳德邦进行了各种测试，以确保获得令人满意的嗅觉效果和产量。首先，他们需要找到合适的脂肪。出于商业伦理原因，动物脂肪已不再可行，选择范围缩小到植物基油。玛嘉烈解释道："最终我们选择了荷荷巴油：它无味、易于生产，还符合有机标准。"

这个工艺本身需要调整。脂吸过程里，油温、一桶油的鲜花浸泡次数——所有这些参数都必须根据正在加工的具体成分和所需分子来调整。这种方法必须保密，因为这个过程无法获得专利。按照这种新一代的脂吸工艺，这些油或 E 油被收集起来，运送到位于格拉斯附近的卢河畔勒巴（Le Bar-sur-Loup）的曼氏实验室，进行超临界流体萃取，从而获得"丛林萃取"的萃取物。

环保萃取法

这种新萃取方法的主要优势在于它不使用任何石化产品或挥发性溶剂，可以被视为一种环保的方法。这使得"丛林萃取"的萃取物有资格用于带有"COSMOS 有机"标签的天然香水和配方，这就与净油有所不同。在品牌和消费者越来越多地追求天然产品的时代，这是一个非常有利的因素。另一个好处是它更好地保留了新鲜植物的嗅觉特性。事实上，使用"丛林萃取"提取的大花茉莉精华呈现绿叶调的微妙气味，略带果香，比从同样的花朵中萃取的净油少了很多动物气味。"它真的闻起来像我们在田野中找到的茉莉花。"玛嘉烈兴奋地说。同样，使用"丛林萃取"提取的小花茉莉（Jasmine Sambac）精华掩盖了净油中更多的动物气味，以突出这种花更清新的香调；而黄缅桂（Red Champaca）"丛林萃取"精华，从印度寺庙的观赏花朵黄兰中获得。它散发出类似橙花的香调，既像蜂蜜又令人陶醉。这些香调可以帮助丰富百合或铃兰香水的配方。

这三种萃取物已经可以供调香师使用，曼氏公司计划推出更多产品。玛嘉烈指出："对于一些原材料，我们甚至可以设想创建多个'E-Pure'萃取物：当我们使用超临界流体萃取时，可以调整温度和压力等参数，以突出更多的前调，或者相反，强调更多的尾调。""对于扩展调香师调香盘的可能性和激发他们的创造力，有无限的可能性。"

来自生物技术的天然成分

自然莫尔公司

当人类的智慧与大自然紧密合作时，创造力意味着实现可再生和可持续。对于自然莫尔公司（Naturamole）来说，天然分子是生物技术的天然伙伴。该公司提供采用创新的生物催化和发酵技术制造的一系列产品。

这家公司的创业灵感源于利用酶和微生物学生产天然成分的想法。创始人阿卜杜勒卡里姆·盖拉布蒂（Abdelkrim Gherrabti）以前是格勒诺布尔大学的生物学家和工艺工程专家，在 20 世纪 90 年代与调味品专业人士探讨了这个可能性。"20 世纪 90 年代，食品行业才刚刚开始研究替代天然成分的可能性，"他回忆道，"在这个问题上，食品行业比香水行业领先了不少。"该项目获得了政府资金支持，在格勒诺布尔附近阿尔卑斯山小镇苏斯维尔（Susville）建立了一个设施。阿卜杜勒卡里姆·盖拉布蒂的抱负是将生物转化和生物催化工业化，这两个过程很快成为公司的主要关注点。现在，近 20 年过去了，该公司为客户提供了广泛的 100% 天然可再生产品组合，客户中不乏调味品和香料行业的大公司。

生物技术，来自自然的推动力

自然莫尔公司的旗舰技术之一是使用酶催化生物基酸和醇生成

天然酯。在专利工业生物反应器中搅拌特定的酶，在室温下触发无溶剂催化。剩余的酸和醇被回收利用，酶也得以重复使用：在室温下，它可以再使用10次。公司有大约100种具有果味、花香、木质和绿叶调气息的酯类产品可供销售。

发酵，也被称为生物转化，是利用微生物如酵母、真菌和细菌来生产特定成分的工艺。比如 6-戊基-（α）-吡喃酮，这是一种具有奶油、果香，会让人联想到椰子和零陵香豆的酯类。阿卜杜勒卡里姆·盖拉布蒂甚至在 1997 年就以此为题写了他的博士论文。"这个过程一直在不断优化以提高生产率。"他分享道。这种分子是通过在有水和简单营养物质的培养基中培养一种野生丝状菌来产生的。随后，产生的 6-戊基-（α）-吡喃酮经过生物催化作用，产生了两种广受香料和调味品行业追捧的分子：马索亚内酯和丁位癸内酯。

新技术具有几个优点："碳足迹接近零，使用带有可再生碳的原材料生产带有'COSMOS 有机'标签的分子，这些分子可以用于生产超过 95% 自然来源的产品。而且，这种工艺产生的成分非常纯净，不是通过直接萃取而获得的，因此它们对生态系统的影响较小，甚至可以说是不存在什么影响。"销售总监弗洛伦特·格拉斯（Florent Glasse）补充道。

利用 20 年的创新经验，自然莫尔公司建立了一个新的工业生物技术研发平台。绿色工厂（Green Factory）面向对新生物技术和微生物多样性潜力感兴趣的调味品、香水和精细化学品行业的企业。"遗传密码在物种间是通用的，"该公司技术总监纪尧姆·勒帕热（Guillaume Lepage）表示，"细菌可以生成与植物相同的分子，

"细菌可以生成与植物相同的分子，但培育起来更为高效。"

但培育起来更为高效。在土地占用、地理、天气和疾病等方面受到的限制更少。"这是降低成本和对环境影响的高效途径。

老问题，新答案

消费者对天然产品需求的不断上升，改变了调味品和香精的制造方式。自然莫尔公司为跟上这一新趋势投入了大量资金，聘请了专业人员，将其场地扩大 1 倍，将产能提高了 10 倍。"我们过去的年产量约为 15～20 吨，但今年将达到 150 吨，"阿卜杜勒卡里姆·盖拉布蒂自豪地表示，"因此，我们将在高附加值产品上更具竞争力，同时仍然提供卓越的性价比。"在酯类和内酯之后，该公司现在正计划将其产品范围扩展到醛类和酮类——从人与微生物创新共生中产生的自然莫尔公司新分子中发现新产品。

在摩洛哥建立可持续的香料植物部门

菲托普罗德公司

在朋友霍斯特·雷切尔巴赫（Horst Rechelbacher）的建议下，保罗－埃里克·雅里（Paul-Éric Jarry）于 2014 年在摩洛哥成立了菲托普罗德公司（Phytoprod）。前者是美国化妆品品牌艾梵达（Aveda）的创始人。这个新的冒险性商业模式很快吸引了许多备受瞩目的当地投资者。菲托普罗德公司现在在摩洛哥种植和加工大约 15 种香料植物，打造了一个在人类和环境方面都可持续发展的业务。

玫瑰、迷迭香、洋甘菊、金盏花和苦橙树……这仅是在摩洛哥北部的陶纳特（Taounate）偏远地区 300 多公顷土地上种植的一部分作物。菲托普罗德公司却花了两年时间才选定这个地方，有些人可能会认为这个选择有些不寻常，但创始人保罗－埃里克·雅里觉得这对他的成功至关重要："从零开始确实需要大量投资，但这也使得建立一个良性商业模式更容易，因为我们不必克服难改的积习。我们的行业不同于其他行业，如果你用正确的心态来对待它，它有一个巨大的优势：你可以建立一个供应链，在增加产量与改善该地区环境和居民生活条件之间形成牢固的联系。例如，将采摘野生植物转变为像我们一样从头开始进行种植和采收，采购方的需求越大，项目的长期可行性越强，而不是加速它们的灭绝并剥

削当地居民。"丰沛的降雨量、丰富的溪流和河流，以及现代大坝系统使其成为农业的理想场所，但这里是该国最贫困的地区之一，因此，考虑到当地居民的需求至关重要。

良性的农业和工业模式

面对未经开垦的土地，显然要采取有机种植方法。另外，公司还决定在现场设立蒸馏和萃取设施，就在田地旁边："这样一来，我们可以确保向客户提供具有高效可行、可追溯的供应链，以及稳定的质量和价格。"

第一步是对土地进行研究，采集大量土壤样品以确定其特性，并决定最适合的植物种类："在开发环保农业业务时，这是首要考虑的问题。这意味着可以避免使用植物生长刺激剂和其他化学产品，减少在摩洛哥环境中至关重要的水消耗。"政府一直在努力解决供水问题，但这仍然是一个挑战。菲托普罗德公司在其所有农场投资了微灌技术，并安装了气象站和探针，让其工程师能够根据需要优化供水，提高产量，降低病虫害的风险。

其他步骤还包括使用附近农场生产的天然肥料和堆肥，将植物废弃物转化为工厂的生物燃料，尽可能安装太阳能板，进行作物轮作并设立休耕期，以让土壤得以休息。这一切构成了良性循环："人们倾向于过度开发土地，理由是土地不够用。但这样土壤只能支撑几年肥力便会耗尽。我们需要采纳新的观点，而香料、芳香和药用植物是推动变革的重要驱动力，因为它们不像玉米或小麦那样可以大规模种植。"

重视社会责任

香水原料通常来自全球人均国内生产总值最低的地区，这些地区的收入主要来自种植，原料是重要的经济资源。这个行业并不总是那么重视社会责任，过去曾经发生过多次对当地农民的剥削。菲托普罗德公司坚持从一开始就将企业社会责任融入商业计划。在此之前，该地区的居民主要生活在一个基于以货易货的自给自足的经济体系中："通过建立一个约有100名全职员工的中心劳动力队伍，并在种植和收获季节最繁忙时期雇用多达1500名季节工，我们的员工现在能够获得货物和服务，而不再依赖于以货易货的体系，还能激活他们的社会福利。"为了确保资金不总是流向少数几个家庭，菲托普罗德公司轮换员工和供应商名单。这项倡议实施起来并不容易，但有一个优点，即提升更多个体工人的技能，使他们获得更多的经济独立性，避免歧视，尤其是针对女性的歧视。该地区社会保守程度较高。女性通过拥有自己的银行账户获得了更大的独立性："当工资以现金形式支付时，通常直接进入家里男性的口袋。这也是我们只向银行账户支付的原因之一，我们帮助女性来开户。"需要克服的主要挑战是实现同工同酬，在公司设立非谈判性的同工同酬政策之前遇到了一些阻力。多年来，菲托普罗德公司通过倾听当地社区的需求并将其纳入决策过程中，在建立新基础设施时与他们合作，与当地社区建立了信任："我们的目标不是资助那些看起来不错的社会团结项目。我们不想给当地强加什么模式，而是想与社区合作，提供他们需要的，不干预且谨慎行事，通常也要在政府倡议的带动下行事。"

马达加斯加，德之馨的创新地

德之馨

在第一次植物试验发生了 100 年后，马达加斯加依然是一个非凡的露天实验室。它拥有独一无二的地理特征，特别适合种植香水工业所需的植物，这里的环境有利于创新。正是在这里，德之馨开始了它的业务，为香水工业提炼新的独特成分。

"2020 年，我们生产了第一批咖啡花和绿花白千层（niaouli）的膏体。在 3 月份，我们将在姜花（*Hedychium coronarium*）的膏体上使用脂吸法！我们还没有决定使用哪种最好的脂肪，但目前看来是荷荷巴油。"克莱门特·卡布罗尔（Clément Cabrol），德之馨马达加斯加萨瓦地区的原材料采购主管，对脂吸法情有独钟。他也是这支由农民、园艺学家、农学工程师和植物学家组成的团队中最热情的成员之一，他们正积极地对岛上的芳香植物进行实验。

2008 年，德之馨在马达加斯加东北海岸一处既美丽又幽静的地区——萨瓦建立了基地。到 2004 年，该公司已经掌握了香草的工业加工技术，并在 2010 年引入了传统加工方法。德之馨目前是少数几家拥有从藤蔓栽培到成品、完全控制本地供应链的香水公司之一，2014 年贝纳沃尼工厂建成，进一步加强了德之馨的实力。

人工耕作

尽管香草的生产规模较大（每年出口 1000 ~ 2000 吨的豆荚），但其种植仍然是人工进行的。由于马达加斯加岛经济中独一无二的香草（在马达加斯加语中是一个单独的词）发挥的关键作用，其他芳香植物的种植也得到了发展，包括姜、天竺葵、香根草、肉桂和柠檬草。这为小型生产者提供了额外的收入，使他们能够在香草季节以外的时间继续谋生。这也使得德之馨能够为香水工业提供新的天然成分。此外，所有这些都是通过有机耕种方法实现的，并获得了多个生态标志的认可。

在 2020 年，两种新的原料加入了调香师的调香盘："焕颜草"（*longoza*）精油，据调香师亚历山德拉·卡林描述，"柠檬味像姜，辛辣感像豆蔻"；以及马达加斯加黑胡椒油，一种已经赢得厨师安妮－苏菲·皮克（Anne-Sophie Pic）和巧克力制造商弗朗索瓦·普阿鲁斯（François Pralus）赞誉的香料。凭借其实验性的方法，德之

馨接受委托，进行大量试验项目、创新的微型试验和小规模测试。其中包括粉红胡椒叶，"这是一种香料，有烟熏感的胡椒味，用在香水中可以增强柑橘的清新"，正如卡林所描述的。其他创新包括萨瓦红土中的依兰和香根草，以及绿色柑橘。值得注意的还有月桂树，卡林说，这让她想起了小时候的止咳糖浆。"这种油可以很好地与烟草香调搭配。"她指出。调香师能够在他们的产品组合中重新发现这种成分太幸运了，因为多米尼加的供应链近年原料短缺。

　　德之馨还重新引进了岛上的广藿香，旨在为这种植物设定新的标准。这种小灌木在可可、香草和咖啡的作物丛中能够顺利生长。它每年可以收获3～4次，且经蒸馏后产量丰富。尽管仍处于试验阶段，但其生产越来越顺利，可能最终能与印度尼西亚广藿香一较高下。"在这里，理念是风土与人相关，而不是与土壤相关。"克莱门特·卡布罗尔解释道。这必将使从巴黎到纽约的调香师们感到高兴，他们总是热切期待着从马达加斯加的德之馨当地团队中发现最新的产品。

"我们想在马达加斯加开发有
高质量香气的独家产品"

专访 / 里卡多·奥莫瑞

里卡多·奥莫瑞（Ricardo Omori）是德之馨高端香水部门的副总裁。据他介绍，印度洋上的这个"红色岛屿"是一个非凡的所在，这里的独特之处不仅在于当地生长的植物，也在于当地人利用这些植物创造出香水中的特殊成分。

你为何总说"马达加斯加就是新的格拉斯"？

这个岛屿就像格拉斯，具备生产高品质的香水原料的优异条件：这里有极为多样的植被、充满活力的团队以及创新的技术。

德之馨从源头控制了马达加斯加香草供应链。对你们来说具体优势是什么？

香草是促使我们发展多样化的动力。我们在本地有一家工厂，也有一个研发中心，让我们能够对新植物多次进行试验。我们还在收购一些土地，用于农业开发。

马达加斯加的植物是如何成为调香师调香盘的一部分的？

我们要选择一种植物的话，它必须是可行的、在经济上有吸引力的……当然，它还必须在嗅觉上有趣！我们正在对超过 100 种原料进行不同程度的研究。为了每 5 年能生产出 2～3 种新的成分，我们需要同时进行至少 5 次试验！

这些新的天然成分带来了什么附加值？

我们想开发有高质量香气的独家产品。体量不是最重要的，重要的是我们正在建立独家合作伙伴关系，这样我们就可以提供来自马达加斯加的姜油、埃及的"季节之心"（Coeur de Saison）茉莉花精油以及尼泊尔独一无二的胡椒。

你们有什么新技术能够充分利用天然原料？

德之馨在 2008 年获得专利的"分子捕获"（SymTrap）技术能够捕获从植物中萃取、蒸馏或冷冻干燥的水溶液中残存的芳香分子。在马达加斯加，这个工艺在香根草和可可果皮上取得了良好的效果，这些部分以前是废料，但很快会成为全新的天然原料。

术语表

A

Absolute 净油
萃取后的产物，不含蜡状物质，通过对浸膏进行酒精洗涤获得。（浸膏本身是对天然原料进行挥发性溶剂萃取而获得。）

Accord 谐调
经过平衡和结构化的原材料混合物，用以创造香水的基调，也称调和香调。

Adulteration 掺假
将较为劣质的产品添加到另一种产品中，然后以虚假标签进行售卖或赠送。

B

Balsamic 香脂
描述与香脂类、甜味、包裹感物质相关的一种香调，如香草、安息香和秘鲁香脂。

C

Chypre 西普
一种香水类型，主要由香柠檬、玫瑰、茉莉、橡木苔、广藿香和岩蔷薇调和而成。该香调的名称来自1917年的香水"西普"，由弗朗索瓦·科蒂（François Coty）推出，他是世界上首个成功调配出该香水并将之推向市场的人。有许多其他的早期香水也叫西普，这可能是来自"塞浦路斯小鸟"的典故，这是一种中世纪时使用的鸟状的香薰球。但并没有获证该名称与东部地中海岛屿有何联系。

Communelle 提炼混合物
花朵萃取物的混合物。同一品种的花朵，但来自不同的生产商、采收区和生长区，可保持质量的一致性。

Composition 构成
构成一款香水的所有香调和成分。

Concrete 浸膏
一种蜡状物质，呈固态或半固态，通过挥发性溶剂萃取天然原料的芳香物质而获得。用酒精洗涤过后，浸膏会产生净油。

Cresolic 环氧酚醛树脂
用于描述一种与甲酚有关的香调。甲酚是一种散发出马匹和马厩气味的分子。

D

Distillation 蒸馏
一种提取技术，能够从天然成分中分离和提取出挥发性化合物。

Steam distillation 水蒸气蒸馏
在一个腔室中将水加热，产生蒸汽。使蒸汽穿过有机物质，此时蒸汽会携带着原料中的香气化合物。

Hydrodistillation 水蒸馏法
将植物原料浸入沸水中，以防止其在蒸汽压力下粘连或被压实。这种加热混合物产生的蒸汽能萃取出气味化合物。经过冷凝后，再通过一个分离的程序就能获取精油。

Fractional distillation (fractionation) 分馏法
在一个装有托盘的高蒸馏塔的特殊蒸馏器中，根据精油成分的不同沸点对其进行分解。这一过程能够使精油的气味解析出三个部分：前调、中调、尾调。

Molecular distillation 分子蒸馏
这种方法也被称为分馏真空蒸馏，在较低的温度和非常低的压力下进行。气味分子在很短的时间内暴露于热量中，以避免降解。这种技术保留了原材料的完整性，并且还意味着可以根据分子的挥发性水平（头馏分、心馏分、尾馏分）来隔离和选择分子，从而产生不同的香精馏分。

E

Enfleurage 脂吸法
这种萃取方法基于脂肪物质通过浸泡能自然吸收气味化合物的能力。这个过程，传统上只用于最娇嫩的花卉，如玫瑰或茉莉，如今已在很大程度上被溶剂萃取法取代。

Essence or essential oil
精华或精油
通过蒸馏或冷压天然原料而获得的气味化合物。

Extraction 萃取
使用不同的技术和工艺去除气味成分的过程。

Supercritical CO_2 extraction
超临界二氧化碳萃取
当二氧化碳像溶剂一样被用于萃取植物的气味化合物时，在高压和高温下会达到一种被称为"超临界"的状态。一旦膨胀，二氧化碳就会返回气态，留下没有残留物的萃取物。

Volatile solvent extraction
挥发性溶剂萃取
使用挥发性溶剂从植物材料中分离出芳香物质。这种技术通常产生浸膏，浸膏经过酒精洗涤后会产生净油。

I

Indolic 吲哚
描述与吲哚相关的香调。吲哚是一种分子，它具有一种略带动物性的气味，并带有一丝枯萎的花朵或萘的气息。

L

Lactonic 内酯的
用于描述与内酯相关的香调，内酯是一类化合物，能够引发桃子、无花果或椰子的果香。

N

Note 香调
在香水配方中，由一种或多种原料呈现的特有的且可辨识的香味。

O

Odor 气味
物质散发出的挥发性发散物，可被我们的嗅觉所感知。勿与"气味剂"混淆，后者指的是可散发出气味的物质。

P

Petitgrain 苦橙叶精油
通过蒸馏苦橙树的树枝和叶子而获得的香精的名字。

R

Raw materials 原材料

用于生产香水的基本材料。它们要么是天然成分，如基于植物或动物的材料；要么是通过化学合成从其他化合物中获取的合成材料。

Resinoid 树脂

通过对植物原料或某些香脂、树脂和树胶的干燥部分进行挥发性溶剂萃取而获得的产物。

Rhizome 根茎

植物的地下茎，会生发出根和地面上的根芽。

S

Solvent 溶剂

可溶解其他物质的物质。

T

Terpenic 萜烯的

用于描述与特定的萜烯相关的香调，这些萜烯具有清新、活泼、柠檬般的芳香气味，如樟脑和香茅醛。

Tincture (or infusion) 酊

通过将固体材料浸泡在溶液中（通常是酒精基底的溶液）而得到的芳香产品。

U

Upcycling 升级回收

一种回收废品后将其转化为新产品的做法。

致谢

我们要感谢以下各位，
你们使这本书成为可能：

ACS
Serge Oldenbourg,
Nathalie Pinel,
Jan Specklin,
Koenraad Vanhessche

Agroforex Company
Adriano Chagnaud,
Francis Chagnaud

Albert Vieille – Givaudan
Aurélie Autric,
Christophe Delahaye,
Dominique Italiano,
Maria Lavao,
Léa Septier

Biolandes
Camille Stacul-Carette

Bontoux
Rémy Bontoux,
Bénédicte Chenuet,
Nicolas Hervé

Capua
Gianfranco Capua,
Rocco Capua

A. Fakhry & Co.
Hussein Fakhry,
Amany Ragab

Firmenich
Xavier Brochet,
Robert Fridovich,
Virginie Gervason,
Sophie Lavoine,
Camille Le Gall,
Claire Savoure,
Fabien Tisserand

Floral Concept
Alain Rémy,
Frédérique Rémy,
Julien von Eben-Worlée

Givaudan
Pierre Arnoux,

Jeremy Compton,
Fabien Durand,
Valérie de la Peschardière

Hashem Brothers
Nazly Foda,
Moustafa Hashem

Kaapi
Eduardo Mattoso,
André Tabanez,
Jamile Trevini

Keva
Amit Gulati,
Gopalkrishnan Krishnan,
Carlos Llorca,
Avani Mainkar,
Luc Malfait,
Laure Shalgian,
Vinod Tandon,
Kedar Vaze

Lluch Essence
Cécile Fabre,
Eva Lluch,
Sofia Lluch,
Jorge Miralles,
Gabriel Puig

LMR Naturals by IFF
Céline Barel,
Yves Cassar,

Judith Gross,
Sophie Palatan,
Bertrand de Préville,
Bernard Toulemonde

Mane
Olivier Bachelet,
Jennifer Behar,
Roxane Bessou,
Cyril Gallardo,
Rolph Gasparian,
Fanny Lambert,
Laure Lapeyronnie,
Serge Majoullier,
Julie Massé ,
Eléa Noyant,
Cyrill Rolland,
Clément Toussaint,
Jonathan Valentin,
Mathilde Voisin

Mark Buxton Perfumes
Mark Buxton

Naturamole
Abdelkrim Gherrabti,
Florent Glasse

Nelixia
Elisa Aragon,
Jean-Marie Maizener

Payan Bertrand
Frédéric Badie,

Anne-Sophie Beyls,
Marie-Eugénie Bouge,
Alexia Giolivo,
Vincent Proal

Phytoprod
Meryem Bahira,
Paul-Éric Jarry

Quimdis
Thierry Duclos,
Emmanuel Linares

Quintis
Annabel Davy,
Vanessa Ligovich

Robertet
Stéphanie Groult,
Alina Horhul,
Julien Maubert,
Joséphine Roux

Simone Gatto
Rovena Raymo,
Vilfredo Raymo

Symrise
Alain Bourdon,
Clément Cabrol,
Alexandra Carlin,
Sandrine Caubel,
Catherine Dolisi,

Alexandre Illan,
Benoît Join,
Daniela Knoop,
Ricardo Omori,
Fanny Rakotoarivelo

Takasago
Sylvain Eyraud,
Aurélien Guichard,
Sébastien Henriet,
HongJoo Lee

Tournaire Équipement
Franck Bardini,
Nicolas Têtard

Van Aroma
Aayush Tekriwal,
Sandeep Tekriwal

Verger
Nuwan Delage,
Virginie Gervason,
Florence Larguier

Juliette Allaire
Patrice Revillard

这本书献给菲利普·安格拉德（Phi-
lippe Anglade），国际香水原料展
忠实的伴侣。

创作团队

贝亚特丽斯·布瓦瑟里

（Béatrice Boisserie）：

《图内尔设备》

《木质琥珀》

《罗马洋甘菊》

《小豆蔻》

《岩蔷薇　劳丹脂》

《生姜》

《马达加斯加，德之馨的创新地》

萨拉·布阿斯

（Sarah Bouasse）：

《香柠檬》

《柠檬》

《甜香草》

《黄葵籽》

《薰衣草》

《橘子》

欧仁妮·布里庘

（Eugénie Briot）：

《合成物的起源》

玛蒂尔德·科库阿尔

（Mathilde Cocoual）：

《气味的旅程》

奥利维耶·R.P. 戴维

（Olivier R. P. David）：

木质琥珀、内酯、麝香、铃兰的"身份证"页

奥雷莉·德马东

（Aurélie Dematons）：

《粉红胡椒》

《乳香》

《愈创木》

《鸢尾》

《松树衍生物》

《大马士革玫瑰》

《下一个十年的天然萃取物》

《来自生物技术的天然成分》

让娜·多雷

（Jeanne Doré）：

关于香水的介绍文字

安妮－苏菲·霍杰洛

（Anne-Sophie Hojlo）：

《国际香水原料展：走过 30 年》

《沉香》

《黑醋栗芽》

《肉桂》

《橙花》

《玫瑰天竺葵》

《大花茉莉》

《内酯》

《麝香》

《铃兰》

《晚香玉》

《香草》

《香根草》

《依兰》

《新千年，新麝香》

《五碳之路》

《E-Pure 丛林萃取重新定义花香》

杰茜卡·米尼奥

（Jessica Mignot）：

《在摩洛哥建立可持续的香料植物部门》

克拉拉·穆勒

（Clara Muller）：

关于香水的介绍文字

纪尧姆·泰松

（Guillaume Tesson）：

《弗吉尼亚雪松》

《古巴香脂》

《广藿香》

《黑胡椒》

《檀香木》

图片来源

参考文献

Jean-Claude Ellena, *Atlas de botanique parfumée*, Arthaud, 2020.

Xavier Fernandez, Farid Chemat, Thi Kieu Tien Do, *Les Huiles essentielles, vertus et applications*, Vuibert, 2015.

Nez, "The Naturals notebook Nez+LMR" .

Nez, the olfactory magazine.